QUARKS AND ORIGIN OF UNIVERSE

夸克與宇宙起源

侯維恕　著

序一：物理的聖杯

臺灣大學前校長　李嗣涔

　　1976 年 9 月中我負笈到美國史丹福大學電機系念博士，三個星期以後的 10 月初諾貝爾物理獎宣布，史丹福大學物理系的 Richter 教授與丁肇中博士以共同發現 J/ψ粒子而得獎，電機系系館就在物理系館隔壁，我也常去物理系圖書館找書，可以感受到一些興奮的氣氛，對我這個剛從臺灣到美國念書的年輕學生而言，想到隔壁樓有一位新出爐的諾貝爾獎得主，就覺得與有榮焉。但是為什麼叫 J/ψ粒子這麼奇怪的名字就搞不清楚了，後來去史丹福書店買了一本科普書籍才慢慢了解到，原來丁肇中博士團隊先發現到新粒子，但為了慎重起見一再重複實驗而沒有發表論文，直到丁博士有一次到史丹福線性加速器中心聽到 Richter 團隊好像在同樣能量也發現新粒子，才立刻投出論文，結果兩團隊同時登出論文但是取了不同名字，導致後來用了合成的名字。為此還產生了到底誰先發現的爭議，雙方在新聞上大打筆仗。

　　1976 年適逢美國建國兩百年，為了紀念這個大日子，媒體請了對人類文明進展有重要貢獻的美國人來寫紀念性文章，其中包含了 1947 年發明電晶體的三位諾貝爾獎得主，結果報上同時刊出兩篇文章，史丹福大學電機系剛退休的蕭克萊教授寫了一篇，另兩位得獎人巴定及布萊頓合

寫了一篇，兩篇各講各的發明故事，針鋒相對互相批評。我當時還偶然可以在電機系大樓見到蕭克萊教授，這兩件事情在我心靈上產生了重大的衝擊，為何重大的科學發現往往導致個人或團隊的衝突，後來我慢慢理解原來這是在奪取聖杯的過程中，由於歷史定位的大帽子壓力下，人性最赤裸裸的自然展現。發現宇稱不守恆的楊振寧與李政道交惡的過程，也跳不出這最基本的法則。從此以後我就愛看基本粒子物理的科普書籍，不僅是了解科學最前沿的發現過程，還要去感受人性的衝突與淬鍊。1982 年回國任教以後就會等出國開國際會議的空檔到書店蒐購新的科普書籍，樂此不疲。網路購物興盛以後直接從網路訂購電子書省了我不少麻煩，不過前沿物理發現的故事雖然很好看，但是那是別人的故事，與我沒有關係，與臺大沒有關係。

這本書不同了，臺大物理系的侯維恕教授以他在錢思亮先生紀念演講的內容為大綱寫成了這本基本粒子最前沿的科普書籍，在上帝粒子－希格子的發現過程中，侯教授不但是參與的科學家之一，還扮演重要的角色，而我在臺大校長任內曾提供經費支持侯教授的計畫，讓我覺得與有榮焉。

2006 年臺大在教育部邁向頂尖大學的支持下，希望在五到十年中進入世界百大，而我深切了解要成為世界一流大學，最重要也是最根本的問題是要改變師生的心態，從跟隨者（me too）轉變成領航者（follow me）。研究題目的選擇與團隊的組成是成功的第一要素。因此我推動了領航計畫，由上而下選擇了近二十個團隊計畫予以支持。侯

教授的計畫是其中之一，也是我最看好的計畫，他把四代夸克的搜尋帶入希格子 CMS 的實驗中讓我充滿了希望，臺大也終於有機會參與大發現的過程，這才是領航的精神，這才是成為世界一流大學應有的表現。

　　希格子的聖杯已經於 2013 年頒給了英格列及希格斯，看來四代夸克的可能性已經黯淡，侯教授仍不退縮，寄望 2015 年大強子對撞機維修完成重新啟動以後，能在更高能量下看到新物理，我衷心的祝福他，也掩不住仍保持淡淡的期望，人一生中能夠參與聖杯的追尋是一件令人感動回味的經驗。也希望讀者能從本書中感受到臺灣科學界躍上世界舞臺的喜悅。

序二

臺灣大學物理系　熊怡教授
中華民國物理學會前會長

　　侯維恕教授請我為這本新書作序，這是我人生第一次為朋友的新書寫序，當然就義不容辭地一口答應下來，並好好地拜讀之。自從侯維恕教授於 2012 年榮獲第十六屆教育部國家講座，研究教學之餘，既積極投入科普通俗演講以及撰寫科普的介紹性文章。

　　《夸克與宇宙的起源》一書侯維恕教授以說故事的方式，深入淺出地介紹了近代粒子物理中幾個舉足輕重的重大發現：從拉塞福的實驗「石破天驚」地打開了原子結構的奧祕以及原子內在的原子核，開啓了這一百年來對粒子物理實驗與理論的研究。進而產生了夸克模型，三代夸克與輕子的預測及發現，也因而引進了粒子物理中所謂的「標準模型」。1974 年的 11 月革命丁肇中先生的實驗所發現的新粒子「J 粒子」，在此扮演了舉足輕重的角色。然而對三代全席「標準模型」的驗證，人類又花了數十年時間的努力，建造了一代又一代的高能粒子加速器及各種實驗探測器並有了新的發現，才得以建立起現今粒子物理的物質與反物質的微觀世界。

　　到底夸克終究和宇宙起源有多大關聯？侯維恕教授以其親身參與理論及實驗研究的心歷路程，並略帶詼諧的語

氣帶領大家進入更深入的探討：宇宙反物質的消失之謎、宇稱不守恆和 CP 破壞現象、四代夸克的追尋、質量之起源與希格斯粒子（神／譴之粒子）的發現等近代粒子物理中的重大問題。物理乃實驗科學，探討宇宙和自然界的基本現象，不論是實驗發現了新的物理現象或是對自然界物理現象的新解釋，都必須經由各種實驗反覆的驗證及檢驗。俗語說「真金不怕火煉」，自然界的真理與定律一樣不怕反覆的實驗驗證及檢驗（Trial and Error），這就是物理這門科學的實證精神！這裡面有許多不怕失敗的心歷路程，也有許多最後成功的例子！也唯有這種鍥而不捨的實證精神才能一步又一步地解開自然界的真實現象甚至宇宙起源之謎！

　　這本書並沒有為「夸克與宇宙的起源」劃下句點。反而帶給我們的是對未來研究物理的憧憬和期望！

2014 年 6 月寫于 CERN, Geneva

前言（代序）

　　大概是 2012 年 11 月底吧，接到校長室蔡秘書的電話，說臺大李校長邀請我給 2013 年 2 月 18 日在臺大舉行的「錢思亮先生紀念演講」。其實之前我從未參加過這個聯合由臺大－中研院交替舉辦的演講，但顯然這是個不容拒絕的榮譽點召，我當然一口答應了。因為即使是為臺大高能實驗組的緣故，也是義不容辭的。但我既而查了一下資料，發現歷來的講者，都是院士級的，倍感榮幸之餘，心中不免恐懼戰兢。錢思亮先生、院士曾長期任臺大校長與中央研究院院長，又有多位成就非凡的子嗣，確實是我國學界的標竿。

　　當時我一方面正在為《科學人》雜誌撰寫〈四代夸克的追尋〉一文，另一方面又邀請了臺大與中大所參與的大強子對撞機 CMS 實驗的前發言人，珪多・托內禮（Guido Tonelli）教授在臺大給「發現希格斯粒子：在大強子對撞機回溯宇宙的起源」的通俗演講。因此，當學校秘書室追問我講題的時候，我很自然的將題目訂為「夸克與宇宙起源」。因著人類的好奇心，「起源」無疑是抓住人心的題材，人類置身宇宙，「宇宙起源」有獨特的魅力。而我多年研究的題材，可以說是從 b 夸克起首的各種重夸克。

　　因為是紀念故臺大校長與中研院長錢思亮先生的演講，不敢怠慢之餘，個人認為，雖然演講題目與內容必須

具科普性質，但也必須呈現當下的尖端科學研究。因此在演講的前半段，我從原子核起，介紹了人類從質子、中子到夸克的發現過程，以及拓展到第三代夸克的認知。在這個層次，夸克與宇宙起源的關連其實不深，特別是三代夸克雖帶出了所謂的 CP 破壞，是與宇宙反物質的消失——為何我們不用擔心周遭有反物質與我們湮滅——有關連，卻吊人胃口似的遠遠不足。我從這裡切入研究主題，包括從參與「B 介子工廠」Belle 實驗得到特異直接 CP 破壞現象的啟示，發現若有第四代夸克存在，則似乎可以提供讓宇宙反物質消失的足量 CP 破壞：暴漲千兆倍以上（四代夸克「通天」）。更深刻的研究，則是源自 2008 年起臺大高能組以四代夸克和極重新夸克的搜尋作為團隊參與大強子對撞機 CMS 實驗的策略性目標。在好奇心的驅動下，我在 2012 年前半發現極重四代夸克果然像有人曾經猜測的，可藉四代夸克－反四代夸克對的凝結導致電弱對稱性自發破壞，是可以取代有名的希格斯場的。若然，則夸克便有兩個 天大的理由可以與宇宙起源有關（特重夸克凝結）。然而無獨有偶，就在 2012 年 7 月，中研院參加的 ATLAS 實驗以及 CMS 實驗共同宣布發現「似希格斯粒子」且與粒子物理標準模型的預期相符，這是公認難與四代夸克的存在相容的！但是，根據 2012 年 11 月 ATLAS 與 CMS 公布的實驗數據來看，事情其實還未完結，因為所發現的新粒子是否確實引發電弱對稱性自發破壞，還有一個重要的驗證是無法藉 2011－2012 的實驗數據達到的。因此，依據兩大足以「通天」（即與宇宙起源的關連）的理

由，我逆勢宣稱大自然另闢蹊徑的可能，而已出現的新粒子會是真實的「新物理」。

我很簡短的敘述了「夸克與宇宙起源」演講的內容。那為什麼要把這篇演講再寫成書呢？其實最深入、最反映個人研究的四代夸克－反四代夸克凝結部分，當天因時間的緣故，基本上沒講。而我為《科學人》撰寫的〈四代夸克的追尋〉一文，雖道盡了研究過程的起伏，敘述實驗的進行則比較多。還有一部份原因是熊怡教授（他也是臺大高能團隊的一員）一句話的激勵——時任臺大物理系主任

2013 年 2 月 18 日「錢思亮先生紀念演講」合影，右起：陳竹亭教授伉儷、錢復院長伉儷、侯維恕、李嗣涔校長、中研院陳建仁與彭旭明副院長及陳丕燊教授。

與中華民國物理學會會長的熊教授在演講之後對我說：「你一定花了很多時間準備。」確實是花了不少時間準備。而且，帶科普任務的學術演講，免不了要藉比較多的圖片來克服「達意」的挑戰，然而即使是圖片，若不加以詮釋，也是無法讓人清楚的。其實我一向認為寫書乃是其他更通達之人的事，輪不到自己的，但因以上種種的原因，在我心裡形成了寫書的催促力量。這回也就不揣淺陋了。

　　本書的撰寫在 2013 年有不少耽擱。我原本認為希格斯粒子要獲獎還可能有爭議，但 2013 年 3 月冬季高能物理大會中，人們宣布不再是發現「似」希格斯粒子，乃是證實「一顆」希格斯粒子。從這裡可以清楚感受到推動希格斯粒子得諾貝爾獎的釜鑿痕跡。而兩年一度的歐洲物理學會高能物理大會於 2013 年 7 月正好在斯德哥爾摩舉行，邀請了彼得・希格斯本人就電弱對稱性自發破壞的希格斯、或 BEH（布繞特－盎格列－希格斯）機制的發現過程做報告，地點正是傳統上舉行 12 月份諾貝爾演講的斯德哥爾大學大講堂。報告結束後發問期間，一位帶口音的女士沒有提問，卻對希格斯的報告內容大加讚揚。自此而後，我毫不懷疑希格斯與盎格列將會獲得 2013 年諾貝爾獎（布繞特已逝於 2011 年，無緣獲獎）。果不期然，諾貝爾委員會在十月初宣布二人得獎，我受邀在臺大給相關專題演講，以及在臺大科教中心與科學月刊撰稿。這些都使我在暑假後終於開始的撰稿進度大受影響。但最大的影響，其實還是自 2012 年 7 月宣布的新粒子（希格斯粒子）的發現在我心中造成揮之不去的陰霾。

好了，我的書寫完了。不敢稱為驚人之作，因為我確實也談不上有什麼文筆。但一方面介紹了人類如何認知了夸克的存在，一方面帶入了宇宙起源的關連。關於前者，我要承認，第二章介紹夸克的登場，恐怕是最難讀的一章；夸克存在在質子裡面，卻無法用傳統方式分離出來，本來就很不直觀。我試著用南部、葛曼與費因曼（被我不敬的在標題中戲稱南木、葛蔓與蕃蔓）三位偉大理論家來串場，也確信更多篇幅的解釋只會使讀者更頭昏目眩而已。我相信接下來幾章比較讓人容易親近，即使我在第五章引進了公式來解釋為何引入四代夸克可讓 CP 破壞增加千兆倍以上，也是不太困難的，希望我盡了科普之責。結束前的第六章，可又困難起來了。但，請你不要跳過它。雖然題材較困難，而且最終多半不會得到大自然青睞，然而我在這裡誠心交代當下的尖端粒子物理研究，並真實呈現一位研究者的執著。我相信，不論你是十來歲還是九十來歲、是媽媽還是孩子、是學生、老師還是社會大眾，都會在閱讀當中有身歷其境的感受，這是我科普之餘的一大目的。而第六章所描述的研究，碰觸到當下最大的問題。在大強子對撞機 LHC 正在運轉的年代能就「電弱作用對稱性自發破壞之源」做真實的探討，提出學說，一生已然無憾。

或許你讀這本書的時候，四代夸克已壽終正寢、蓋棺論定，但對我而言，即便如此，一切的努力也是值得的。對讀者你而言，希望你也感受了真實的當代研究。但如果所發現的「希格斯粒子」被驗明並非電弱對稱破壞的真實源頭，而四代夸克復活，則本書的主題可就是切中要害了。

2013 年 7 月於斯德哥爾摩與希格斯先生合影（郭家銘攝）

感謝吳俊輝教授的引介，使我獲邀撰寫《科學人》雜誌的〈四代夸克的追尋〉一文（附錄三）。感謝李湘楠教授的推薦，使我獲邀撰寫《科學月刊》的 2013 年諾貝爾物理獎專文〈把「光子」變重了──基本粒子的質量起源〉（附錄二）。感謝李嗣涔校長的提攜，使我有榮幸給 2013年紀念錢思亮先生一百零五歲誕辰的演講，並中研院彭旭明與陳建仁兩位副院長當天的蒞臨，更感謝錢復院長及眾家人的聆聽。感謝臺大科教中心及陳竹亭主任多方的協助，並多位友人的鼓勵。最後，感謝廖映婷小姐對本書完成多方的貢獻。

目錄

壹、從 1908 化學獎說起：
Rutherford 石破天驚

　　我們所熟悉的原子圖像，是一些電子如行星般繞著很小的原子核轉。再拉近了看，則原子核又有結構，乃是由質子與中子所構成。這些似乎自小學、中學起便已熟悉了的常識，不過就是現代人的一種基本認知。但是，人類是怎麼獲得這個知識的呢？畢竟原子比人類自身尺寸小一兆倍，而原子核又比原子再小上十萬倍，這樣的知識是不是太神奇了。我們在標題裡已經提醒你，是當年 Rutherford（即拉塞福）的「石破天驚」替我們發現的。然而，這1908 年的化學獎又是怎麼回事？原子的結構難道不是十分物理的事情嗎？要把故事帶到夸克、以及夸克究竟與宇宙起源有甚麼關聯，讓我們就從這裡起頭。

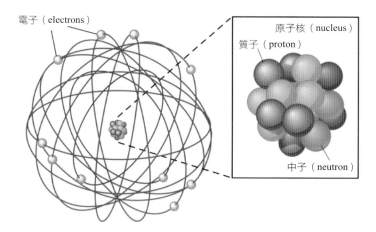

（圖片來源：http://www.britannica.com/bps/media-view/18079/1/0/0. Encyclopædia Britannica, Inc）

拉塞福

拉塞福（1871-1937）獲頒 1908 年的諾貝爾化學獎，諾貝爾委員會引述的理由是：「因他對元素解裂，以及放射性物質化性的探討。」1908 年 12 月 10 日頒獎典禮上，瑞典皇家學院哈瑟伯格院長如是說：

> 「拉塞福的發現，引出了令人高度驚訝的結論，也就是一個化學元素是可能被轉換成其他元素的，這與之前提出的任何理論都相矛盾。因此，從某個方面講，我們可以說研究的進展把我們又再一次帶回了古代煉金術士所提倡並堅持的蛻變理論。」

注意，這可是煉金術、也就是點石成金術還魂呢。

但哈瑟伯格繼續說：

> 「雖然拉塞福的工作是由物理學家用物理方法所做出來的，然而它對化學探討的重要性卻是如此自明又影響深遠。因此，皇家學院毫不猶豫地就將原本為化學領域原創工作所設立的諾貝爾獎，頒發給這項工作的原創者。就像以往已經多次證明的，這再一次證明現代自然科學各支脈間彼此親密的互動關聯。」

也就是說，既然成就了遠古煉金術士所夢寐以求的，怎能不頒發諾貝爾「化學」獎給當事人！因為現在所用的chemistry（化學）一字，正是源自alchemy（煉金術），而化學

拉塞福及 The Newer Alchemy 書影

圖左為諾貝爾網頁所擺的拉塞福照片。拉塞福的遺著就叫 *The Newer Alchemy*（更新的煉金術），是根據他在 1936 年 11 月在劍橋所給的賽基威克（Sedgwick）紀念演講所寫的小書。他原本就有疝氣，只是沒有太在意。沒想到疝氣突然絞結起來，雖經緊急開刀卻仍回天乏術，數天後於 1937 年 10 月 19 日在倫敦逝世，得年六十六歲。

（圖片來源：http://www.nobelprize.org/nobel_prizes/chemistry/laure ates/1908/rutherford-facts.html. http://zh.wikiquote.org/wiki/File:Ernest_ Rutherford_(Nobel).png 這張圖片（或其他媒體文件）已經超過版權保護期）

家（chemist）可就與煉金術士（alchemist）的字更像了。嘿嘿，但我們唸物理的人，心裡就不只是有點暗爽了。

其實，拉塞福自己盼望得到的是物理獎而不是化學獎，因此他在領獎時微酸的（大致）說道：「我的研究讓我看過各種的蛻變，但從沒看過有比我從物理學家蛻變成化學家更快的了。」那麼，讓我們來了解一下拉塞福究竟是如何發現元素能夠被轉換的。

拉塞福掌握新工具

拉塞福是一位傳奇性人物，1871 年出生在紐西蘭，父親是移民自蘇格蘭的農夫，母親則來自英格蘭。他在紐西蘭大學的坎特伯利學院（現在的坎特伯利大學，位於基督城而不是威靈頓）已從事電磁波收發的研究，於 1895 年獲得獎學金赴英國劍橋大學有名的凱文狄西實驗室，師從後

來因發現電子而獲得 1906 年諾貝爾物理獎的湯姆生（J.J. Thomson, 1856-1940）。拉塞福抵達英國的時候，正逢發現時代的序幕。在湯姆生手下，他從電磁波天線轉而研究 X-射線（1895 年任特根 Röntgen 所發現，任特根因而獨得 1901 年首屆諾貝爾物理獎）對氣體導電的影響，協助了湯姆生發現電子。當拉塞福獲悉法國的貝克芮（Henri Becquerel, 1852-1908，獲 1903 年諾貝爾物理獎）發現鈾鹽的「放射性」後，自二十六歲起他改變研究方向，發現有兩種放射性與 X-射線不同。

因為拉塞福不是劍橋畢業的，他在劍橋的升遷有阻力，因此湯姆生在 1898 年將拉塞福推薦到加拿大蒙特婁市的麥基爾大學（McGill University），接替凱倫達教授任物理講座。拉塞福在麥基爾大學繼續他對放射性的系統化研究，在 1899 年將他所區分出的放射性命名為 α 與 β 射線。1903 年他又將別人所發現從鐳釋出的一種新的、極具穿透性的中性射線，命名為 γ 射線。所以，大家耳熟能詳的 α、β、γ 射線，全都是拉塞福命名的。他又發現並命名了放射性半衰期，亦即放射性物質的放射性強度有隨特定時間減半的通則。他與索迪（F. Soddy, 1921 年諾貝爾化學獎得主）提出原子衰變理論，證明放射性乃是原子──那時拉塞福還未發現原子核，並不明白原子結構──自發衰變成其他原子所引發的，也就是說一種元素有可能自發的轉變成另一種元素，成就了他後來的諾貝爾獎。1907 年，他回到英國，當時無與倫比的日不落帝國核心的曼徹斯特大學任物理講座。

在回到英國前，藉著對於 α 射線質量與電荷比的研究，拉塞福已然推測 α 射線乃是具有雙電荷的氦離子。而在曼徹斯特，他設法將 α 射線粒子收集到真空管中，在中和了 α 射線粒子的電荷後，藉放電所產生的光譜，確證該中性氣體就是氦氣。因此，我們對 α 射線乃是 He^{++} 離子的了解，又是拉塞福告訴我們的。就在湯姆生因 1897 年發現電子而於 1906 年榮獲諾貝爾物理獎後兩年，拉塞福也因他對放射性的研究，理解了元素轉換的奧秘，實至名歸的獨得 1908 年諾貝爾獎，只是乃是化學獎而不是物理獎。這發生在他自加拿大返回英國之後，但主要工作是在加拿大完成的。

拉塞福是科學界極少數在獲得諾貝爾獎後做出他最著名工作的人。試想，到現在究竟還有多少人知道拉塞福得的是化學獎？如果前面的 α、β、γ 射線，半衰期，α 射線乃是 He^{++} 等等還不夠看的話，要知道他得獎後，在 1911 年發現原子結構乃是一群電子圍繞極小的原子核，又在 1918 年實驗證明質子存在於原子核內，並在 1920 年推測中子的存在（十二年後，於 1932 年由門生查兌克Chadwick 發現）。可以說，他不但替人類解開了原子結構（從而引出量子力學的理論！），且把我們帶入原子核內質子與中子的世界。如此突破性的巨大貢獻，他實在該再得一個諾貝爾物理獎的！

但拉塞福又是如何成功的？除了鍥而不捨的持續追尋外，藉他自己的研究，他掌握了新工具，正是前述的 α 射線，並對 α 射線粒子的了解。這裡面有啟示和寓意。我們

在門外之人，特別是深受升學考試制約的「老中」，因著學習方式多不求甚解，因此常常不夠、不能理解他人何以成功，特別是在基礎科學、或創意研究方面。這裡面因素當然很多，但在拉塞福身上，我們看到一個秘訣，就是：掌握新工具，探討未知的領域。

My Hero：拉塞福「石」破天驚

　　拉塞福是我個人心目中的英雄。自牛頓以來，愛因斯坦無疑是自然科學界的表率，而我年輕時被物理吸引，乃是盼望能有「老愛」和海森堡般的洞察與成就。但在拉塞福身上所突顯的，則是老愛和海森堡所沒有的，更是當代老中所缺的，卻是物理學的核心，是西方文明崛起的一大基石，也就是實證科學。西方科學是藉實證求教於自然——這豈不是一種謙卑？——而物理學乃是實證科學，這尤其與東方人常常把物理學想得很理論大相逕庭。

　　言歸正傳。因著拉塞福在麥基爾大學的傑出表現，曼徹斯特大學的亞瑟‧舒斯特（Arthur Schuster, 1851-1934）

舒斯特於 1851 年出生在德國，先後曾在法蘭克福及日內瓦求學，十八歲時隨著從事紡織業的父親移民到英國曼徹斯特。自小便對科學十分有興趣的舒斯特，說服父親讓他進入歐文學院（今曼徹斯特大學）就讀。在取得博士學位後，優渥的家境便成為他最初的研究經費來源。舒斯特於 1888 年接任物理講座，使得他有機會在曼徹斯特大學建立一個先進的實驗室。1907 年，五十六歲的舒斯特決定引退，並指定拉塞福作為接班人。而舒斯特一手設計的實驗室，不久便晉身世界前四大實驗室之列，足以與凱文迪西實驗室互別苗頭，除了實驗室設備良好以外，一大原因是拉塞福在此完成了他最著名的工作——透析原子結構，也見證了舒斯特的慧眼識英雄。舒斯特直到 1934 年才去世，享壽八十四歲。

教授決定辭去物理講座一職，條件乃是要拉塞福接任。出生在德國的舒斯特，接近成年時才隨著從事紡織業的父親移民到英國。舒斯特於1900年在曼徹斯特大學建立了一個先進的新實驗室，是拉塞福可以迅速接續他在麥基爾的研究的一大助力。有趣的是，有名的蓋格計數器的發明者，漢斯・蓋格（Hans Geiger, 1882-1945，也是德國人），也可以說是舒斯特替拉塞福預備的「博士後助理」。

　　除了良好的實驗室及得力的年輕助手外，拉塞福在1908年獲維也納科學院「借」給他250毫克的鐳，也相當程度的幫助了他對 α 射線的後續研究，其中包括在前面已描述的 α 射線粒子乃是 He^{++} 離子的證明。在從事這個實驗、記錄 α 射線粒子的數目時，發現到真空管中殘存的氣體對計數有影響。因此，蓋格開始探討 α 射線因氣體而產生的些微散射，導致了有名的蓋格－馬爾斯登「金箔實驗」，其結果於1909年發表。

　　1889年生的馬爾斯登（Ernest Marsden, 1889-1970）當時還是曼徹斯特的大學生，與蓋格一同進行金箔實驗。拉

拉塞福金箔實驗示意圖

α 射線放射源擺在一保護腔中，從一個開口射出，經由一個狹縫控制入射方向，射向極薄的金箔，散射到螢光偵測屏幕，在打到的位置造成閃爍。
（圖片來源：http://www.dav-iddarling.info/encyclopedia/R/Rutherfords_experiment_and_atomic_model.html. Copyright © The Worlds of David Darling）

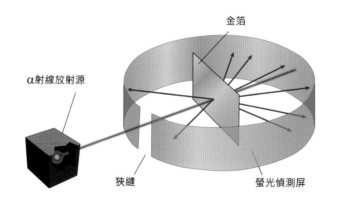

金箔

α射線放射源

狹縫

螢光偵測屏

塞福一方面稱許他們的耐性，一方面自嘲說他沒有辦法坐在檯前日以繼夜的用顯微鏡觀看硫化鋅屏幕，計數 α 射線粒子打到時的閃爍。這個實驗的目的，簡單說來是為了驗證所謂的湯姆生「葡萄乾布丁」原子模型。湯姆生是拉塞福的老師，因為發現電子而獲諾貝爾獎，因此終其一生想要證明他的原子模型，亦即正電荷及質量好似布丁本體般均勻分布，而幾乎不佔質量的電子則如葡萄乾散布在「布丁」中。如果湯姆生的原子模型是對的，那麼因為 α 射線粒子的質量遠遠大於電子質量，因此將 α 射線粒子射向金箔觀察其散射時，α 射線粒子就好比汽車在高速公路上撞上小鳥一般，是不怎麼會偏離原方向的。蓋格與馬爾斯登所看到的果然如此。

　　或許是為了讓年輕的馬爾斯登多一點事幹，拉塞福福至心靈的建議蓋格與馬爾斯登移動顯微鏡的方位到大的散射角度，看看是否有這樣的散射。這在湯姆生原子模型，或當時任何其他原子模型，是應當不會發生的。令人意外的是，雖然數目不多，但確實是有 α 射線粒子自金箔的大角度散射，而且數目與散射角有平滑但高階的函數關係。這時，就像能與索迪提出對原子衰變的理論解釋一樣，拉塞福展現了他的洞察與解析能力，也就是物理學家提出「實證定律」、「實證理論」的美好傳統，這不一定屬於純理論家的天下，譬如偉大的法拉第，或牛頓的稜鏡分光實驗。

　　蓋格與馬爾斯登所看到的 α 粒子自金箔大角度散射的現象，困擾了拉塞福兩年之久。讓我們看看蓋格的描述：

這個硫化鋅閃爍屏幕，就像早期的蓋格計數器一樣，是拉塞福與蓋格共同開發的。而用金箔的原因也很簡單，乃是利用金極佳的延展性，好盡量接近單層原子散射。當時的實驗，乃是用眼睛經顯微鏡盯著約 $1\,mm^2$ 面積的區域持續觀看約一分鐘才眨眼休息一次，之前要在暗室讓眼睛適應半小時。據說這是為什麼拉塞福常是咒罵著離開實驗室，把觀測留給年輕人。

「有一天，拉塞福紅光滿面的來到我的房間，說他現在知道原子長得是甚麼樣子，並如何解釋α粒子的大角度散射了。就在當天，我開始進行實驗來檢驗拉塞福所預期的散射粒子數與散射角度的關聯。」

拉塞福的天才讓他抓住了一個看似不大重要的細節（有些許的大角度散射），轉換成對原子內部結構問題的線索。他在 1911 年便發表了相當完整的一篇關於原子具有極小原子核的原子結構理論，得到蓋格實驗的初步證實，並在接下來一連串的漂亮實驗中得到精確驗證。

我們可以用拉塞福自己的話來體會大角度散射之所以令人費解。拉塞福說：「就好像你向一張衛生紙發射一顆 15 英吋的砲彈，它卻反彈回來打你！」這固然令人錯愕，但，拉塞福究竟是甚麼意思呢？拉塞福已知 α 射線粒子是 He^{++}，質量是電子的將近 8,000 倍，以高速射向金原子。金原子有許多顆電子，但高速 α 射線粒子撞上電子，就好比砲彈穿過一些碎紙片，砲彈是幾乎不受影響的繼續前進。這就符合湯姆生的「葡萄乾布丁」原子模型，因為

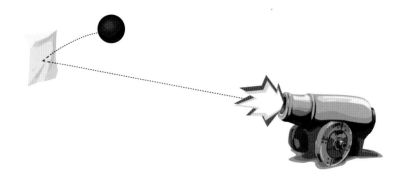

「布丁」若是帶有金原子總質量的正電荷的均勻分布，散射情形不會與電子有太大差異。但請注意，在這裡其實埋藏了一個對未知的合理假設（布丁若是……）。

　　蓋格－馬爾斯登金箔實驗所看到的 α 粒子散射，的確如湯姆生模型所預期的一般，絕大多數都接近原方向。但大角度散射呢？不要忘了，湯姆生是拉塞福的老師、大英帝國物理界第一把交椅的凱文迪西實驗室主持人、諾貝爾物理獎得主，因此連拉塞福的思維，也是從湯姆生模型出發，更不用說徒弟蓋格或聽命行事的徒孫馬爾斯登了。因此拉塞福會說，好似砲打衛生紙，卻被砲彈反彈給打到了！這個問題在拉塞福腦中兩年之久，揮之不去（但似乎沒有那麼困擾徒子徒孫如蓋格與馬爾斯登？）。終於有一天，他抓到了契機：電子的質量在原子中微不足道，因此如果幾乎所有的質量都集中在一點——這一點必然是原子的核心或中央位置——那麼就好似在衛生紙後面藏著固定的鋼板，就難怪砲彈有可能反彈回來了。更確切的說，如果帶幾乎所有金原子質量的正電荷集中在原子核心，那麼就不但能解釋類似湯姆生模型所預期的主體散射結果，又能解釋為什麼有些 α 粒子可以被大角度散射、甚至反彈回來，因為 α 粒子正好飛到非常靠近正電荷集中、又重得多的「原子核」。這就好比原先所說汽車在高速公路上撞上小鳥不會有大礙，但若撞上十八輪大卡車就被撞飛了。再進一步說，物理學不只是憑空想像，更可以、也應當數字化。拉塞福根據已知的電學與力學推算一番，便胸有成竹、紅光滿面地走進蓋格的辦公室……

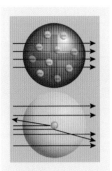

上圖 葡萄乾布丁模型
下圖 拉塞福原子模型
正電荷與幾乎所有質量集中在中心，極輕的電子布散在周遭。（圖片來源：http://zh.wikipedia.org/wiki/File:Rutherford_gold_foil_experiment_results.svg）

我們稱拉塞福「石」破天驚實不為過，因為拉塞福所引導的實驗並他對結果的詮釋，打開了原子結構的奧秘，又同時發現了原子核的存在，的確震古鑠今，因為前人可沒這樣想過，是人類知識的大突破。但為何我們把「石」放進引號裡呢？因為拉塞福實驗既不是打破石頭，也不是點石成金，而是對「金」箔做散射實驗，可說是「金」破驚天。其實金原子也沒有真被打破，或點金成石。這項工作確實石破天驚，只是不知何故，未能撼動諾貝爾物理委員會袞袞諸公的腦袋。拉塞福又進一步在 1918 年證明氫原子核存在於所有原子核中，因而將其命名為「質」子（proton），並在兩年後推論原子核裡應當還有與質子質量相近，但不帶電荷的粒子，據而命名為「中」子。中子在十二年後由其門生查兌克發現。

原子結構、原子裡面有小十萬倍而集中正電荷與質量的原子核、原子核由質子與中子構成，這些知識都是由拉塞福所發現，豈不是偉人事業？是的，這樣的成就或許真的超越諾貝爾獎了。至於打破原子又為何驚「天」呢，且看我們繼續分解。

諾貝爾委員會的資料保密五十年，如今已可查閱。他的諾貝爾獎，看來是成也阿氏敗也阿氏（瑞典人司凡特‧阿瑞尼烏斯 Svante Arrhenius，1859-1927，獨得 1903 年化學獎）。諾貝爾獎是提名制，1908 年拉塞福在物理獎有五項提名，化學獎有三項提名，而阿氏在兩個獎項都提名拉塞福。其實那一年湯姆生也有提名拉塞福，但信到得太晚，因此算為 1909 年的提名。當時的委員會普遍認為鐳的放射性屬於化學範疇，因此拉塞福獲得 1908 化學獎，使得湯姆生的提名在 1909 年無效。
1922 年，波爾因原子模型獲多人提名，拉塞福也被考慮，但委員會認為他所用的方法與 1908 年化學獎相似，而波爾原子模型更優，因而波爾獨得該年諾貝爾獎。1923 年的提名強調質子的發現。這時委員會請阿氏寫調查報告，他在報告中反對再頒給拉塞福第二個獎，因為「少有給第二個獎的」、「他自己的國人沒有提名他」、「他的身份與做研究的機會不會因第二個獎而有多少改變」、「他已然位居大英帝國最高的位置了」。拉塞福六十歲以後，有人年年提名他直到他過世，但諾貝爾委員會總是以拉塞福的後續成就與 1908 年化學獎的工作性質類似為由而未予考慮。〔參考 Cecilia Jarlskog, http://cerncourier.com/cws/article/cern/36678〕

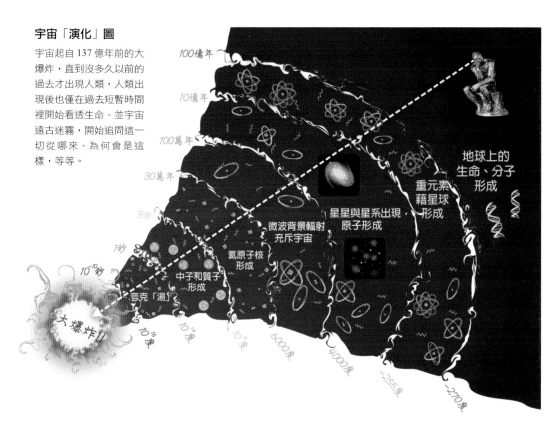

宇宙「演化」圖

宇宙起自 137 億年前的大爆炸，直到沒多久以前的過去才出現人類，人類出現後也僅在過去短暫時間裡開始看透生命、並宇宙遠古迷霧，開始追問這一切從哪來、為何會是這樣，等等。

100億年
10億年
100萬年
30萬年
3分
1秒
10^{-10}秒

大爆炸!!

10^{15}度
10^{10}度
10^{9}度
6000度
4000度
-255度
-270度

夸克「湯」
中子和質子形成
氫原子核形成
微波背景輻射充斥宇宙
星星與星系出現，原子形成
重元素藉星球形成
地球上的生命、分子形成

宇宙的「演化」

　　宇宙（Universe）起始自約 137 億年前的「大爆炸」（The Big Bang），這個知識已經家喻戶曉。但，你可曾想過，從那奇異而爆烈的起點，是怎麼演變（是演變或發展，而不是生物學所講的演化！）出我們這絢麗又浩瀚的宇宙、我們安身立命的居所的呢？而真正神奇的是，從百億年的尺度來看，出現比須臾還短的人類，在出現僅極短時間之後，又在好似比一眨眼還短的最近，開始透視宇

宙、透視自己，又提問[1]：「自那奇異的大爆炸起點，是怎麼發展成浩瀚的宇宙、地球絢麗的生命——以及問這一大堆問題的我們的？」最神奇與奧秘的莫過於此！

　　本書介紹夸克並探討夸克與宇宙起源究竟有甚麼關聯。雖然在十八、九世紀之交，道爾頓等人已用科學方法推斷出當年希臘人的「原子」猜測乃是真實的，但原子或 atom 的希臘文原意本來就是不可分割的意思，這並沒有被化學的發展或十九世紀的物理學改變。因此，在道爾頓原子說之後一百多年，拉塞福透視了原子，「看」到所謂的原子不是不可分割的，乃是在原子深處有個質量與正電荷超級集中的、硬梆梆的原子核。你說，拉塞福的洞察與發現是不是石破天驚呢。拉塞福又進一步分析出原子核是由質子與中子構成。因為如今已眾所週知，所以看似簡單，其實不然！這些帶正電的質子，擠在比電子在原子內所悠遊的空間還小十萬倍的範圍，那麼，由質子與中子構成的原子核為什麼不會因為極大的靜電斥力而爆開呢？所以，雖然人類在當時無從探討起，但拉塞福發現原子核，又發現原子核由質子與中子構成，預告了質子與中子彼此之間有一種「核作用力」，是人類前所未知的，而且比熟悉的電磁作用力要強非常多。這樣的核作用力稱為「強作用

羅丹 沉思者雕像

沉思者在思索什麼？最深切的思索，是「這一切從哪裡來？」以及「為什麼我能思索這個？」
（圖片來源：http://www.artchive.com/artchive/R/rodin/thinker.jpg.html）

---

[1] 究竟是哪個奧秘大：是浩瀚宇宙的存在，還是存在於浩瀚宇宙中微不足道的我們？或許宇宙中還有別的智慧生命，或許沒有。但人類的出現、問東問西的自覺意識的存在，似乎也為全宇宙帶入了自覺意識。這就是羅丹的 Thinker 震撼之處。

力」。

　　地球與太陽，無疑是由極多的各種原子、或原子游離成的離子與電子所組成，而剝光了所有電子的離子，就是原子核。原子核由質子與中子構成，所以起初的質子與中子從何而來？我們又再一次體會到，拉塞福的洞察與發現是如何的石破天驚，因為是藉著他的發現，人類才可以問出這個更深切的問題：起初的質子與中子從何而來？我們會發現這個問題含有許多層面，包括我們在後面章節要導引出的更進一步透析，看到當年拉塞福的洞察與發現，究竟是如何驚「天」。因為連當時拉塞福自己都不知道，人類從此開始真正踏上探究宇宙、也是自身起源的道路。

　　在這裡，容我們先說，質子與中子在宇宙幾秒到幾十秒大的時候，就形成出來了，當時宇宙的溫度超過百億度，比太陽核心的溫度高了千倍以上。而我們只要再加上幾個關於質子、中子與另一些「核作用力」的知識，我們對早期宇宙的後續發展及其與我們的關聯就可以了然。

　　我們知道質子就是剝掉一顆電子的氫離子，而電子質量只有質子的約 $1/1836$。中子非常像質子，只是不帶電荷，質量只比質子多了約千分之 1.378。而除了質子與質子、質子與中子、中子與中子間維繫原子核的強作用力外，當年最早由貝克芮所發現的放射性、由拉塞福所區分出的 β 射線，其根源是原子核裡的中子衰變成質子，同時釋放出一顆電子（β 射線）再加一顆如鬼魅般難以捉摸的微中子 ν 的「反粒子」，也就是 $n \rightarrow p + e + \nu(bar)$ 的衰變。自由中子 β 衰變的半衰期約十五分鐘，亦即自由中子經過

十五分鐘數目會減半。然而不但像化學反應式可有逆反應一樣，前面中子 β 衰變的反應，還可以把參與的粒子從左邊移到右邊，或從右邊移到左邊，只是做這樣的移動的時候，要把該粒子變成其「反粒子」，例如

$$p + e^- \leftrightarrow n + \nu,$$
$$n + e^+ \leftrightarrow p + \nu(bar),$$

用話說出來，就是質子與電子相遇可以轉變成中子加微中子（反向亦然），或中子遇上「正」電子、亦即電子的反粒子，可以轉變成中子加「反」微中子（反向亦然）。這些反應式乃是雙向的，向左或向右進行都可以。在這裡我們已順勢置入、最初步介紹了所謂的「反物質」，是我們在後面討論宇宙起源時的重要腳色，但容我們到第四章時再深入的介紹。以上的幾個反應是都進行很慢的（核）「弱作用力」反應。

　　回到當下我們對宇宙起源的介紹，讓我們只膚淺的討論一下最輕元素，就是氫與氦──像太陽的恆星的基本成分──是怎麼來的（參考 p. 13 圖）。從宇宙更早、超過百億度時的「夸克湯」冷卻下來，眾夸克結合成質子與中子。但因為溫度仍熾烈，在溫度還沒有降到更低時，兩顆質子加兩顆中子可「燒」成一顆氦原子核（即 He^{++}）。這個反應牽扯到氫的同位素氘與氚作為中間過程，我們不在這裡交代。重點是氦原子核是每單位「核子」（質子與中子質量非常接近，若不加以區分則通稱為核子）的束縛能量最高、因此可說是「綁得最緊」的原子核，所以相當穩

定。此時，因宇宙膨脹率、溫度下降率與反應速率等因素，約 25% 的質子與中子被收納成氦，與我們在眾恆星所觀察到的相同。此後，溫度下降以致兩顆質子加兩顆中子燒成氦的反應不再進行——其實可說是為十億年後星球開始形成時儲備恆星燃料——上述弱作用反應將質子與中子數維持平衡。只是因中子比質子稍重，所以不僅中子變成質子的反應比質子變成中子的反應較容易進行，而且到溫度與密度降到更低時，自由漂浮的中子最終也藉 β 衰變轉成質子了。我們這就理解了為何恆星的主要成分是氫與氦。

在下一章，我們介紹人類是如何獲知在核子——質子與中子——裡，還有進一步的結構，也就是夸克的登場。

來介紹一個腦筋急轉彎的問題：若中子比質子輕了約千分之 1.378，世界會怎樣？如此一來，是質子會衰變成中子和反電子加微中子，而中子卻是穩定的。但還會有氫原子和水、以至於生命嗎？可以想一想。另外，即便在我們的世界，如果兩顆質子加兩顆中子燒成氦的反應速率再快一些，在宇宙初期所有的氫便都燒成氦了，還會有像我們太陽一樣的星球嗎？生命呢？

貳、南木、葛蔓、蕃蔓的洞察

　　我們從小就知道原子裡有原子核,原子核由質子與中子構成,而質子與中子裡則似乎還有夸克。在第一章,我們學到應該要如何地來感謝拉塞福,為人類解開了原子、原子核到質子、中子的奧秘,成為現代人的基本知識。人類對物質世界的透視,因認識原子核的存在,確實超越了希臘哲人的想像。拉塞福並沒有進一步告訴我們夸克的存在,但他留下了線索,甚至提供了繼續研究的方法。

　　我們究竟是怎麼知道質子、中子裡有夸克存在的?本章要從三條脈絡、藉三位主要人物,南部、葛蔓與蕃蔓,介紹人類是如何解構質子,發現「強子」裡面還有夸克─

（圖片來源:http://www.the-atlantic.com/past/docs/issues/2000/07/johnson.htm. Copyright © 2000 by The Atlantic Monthly Company. 漫畫所對照的原始照片:http://www.achievement.org/auto-doc/photocredit/achievers/gel0-006）

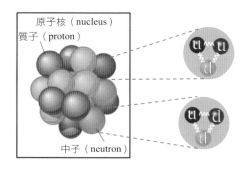

原子核（nucleus）
質子（proton）
中子（neutron）

The Atlantic Monthly

「部分子」。蕃蔓就是很多人都知道的物理大師費因曼。我們略為玩弄一下譯名，並在標題中刻意使用我多年來對 Nambu 日文漢字的誤解，好讓夸克與次質子結構的發現有如花草樹木般在人間長出來。因考慮篇幅，本章極為濃縮簡略。

原子與原子核

原子核只有原子大小的約十萬分之一，但你可曾想過，為何原子核不會因質子間的巨大斥力而炸掉？而又是甚麼東西決定了這 1/100000 的大小呢？

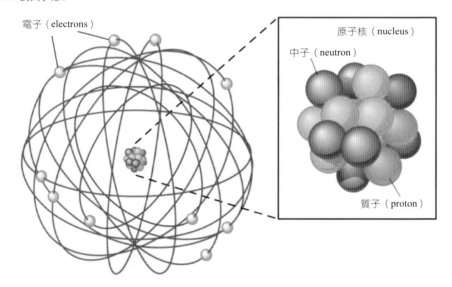

電子（electrons）

原子核（nucleus）

中子（neutron）

質子（proton）

原子核乃是一滴「核子」

就像雨點乃是一滴水，原子核乃是一「滴」核子——藉核作用凝結而成。讓我們來說明一下。

拉塞福發現了原子核的存在，大小約只有原子的十萬分之一。他又解析出原子核由質子與中子構成，原子核的質子數就是該原子的電荷 Z，即原子序，而質子數加中子數就是原子的質量數 A。Z 決定了原子的化學性質，而 A 大致就是該原子與氫原子的質量比……。到這裡，拉塞福為人類帶入新的、又明顯卻隱晦的問題：為什麼原子核的大小約為原子的十萬分之一？而在比原子小十萬倍的局限空間裡要擠入 Z 顆質子，為什麼原子核不會因為質子間的巨大斥力而炸掉？要明白後面一個問題，只要回想原子的形成乃是原子核的正電荷吸引著周遭的電子，因此我們很快看見原子核裡頭當有一種新的「核作用力」，將 Z 顆質子與 A－Z 顆中子綁在一起。這個前所未知的新作用力應當比電磁力強得多，我們從而推論，一但釋放或能操控這個作用力，它的威力將非常驚人，也就是人類後來發展出來的核子彈及核能。

但在 1910 到 1920 年代，波爾繼拉塞福原子模型提出量子化假說而解釋了原子何以能夠穩定存在，既而有海森堡與薛丁格等人發展出來的全套量子力學，不但解釋了化學，且導致人類駕馭原子以致於成就了今日的微電子文明。物理學家在這些方面既忙碌又成功，使得原子核物理

的進展顯得相對緩慢。

　　事實上，拉塞福在 1920 年左右只是提出原子核中還當有與質子質量相當但電中性的中子，但實驗的發現 [1]，則要 等 到 1932 年 他 的 門 生 查 兌 克（James Chadwick, 1891-1974；1935 年獨得諾貝爾獎）的工作。自此而後，因中子與質子質量十分相近，海森堡很快地便將其與自旋類比提出同位旋（Isospin）的新概念，又有 1934 年費米將 β 衰變與電動力學類比而提出所謂的費米理論，人類終於開始向破解原子核的奧秘邁進。

　　我個人很好奇接下來的發展為何會在東方的日本發生，因為確實是二十七歲的湯川秀樹（1907-1981；1949 年獨得諾貝爾獎）在 1934 年提出了劃時代的「介子」理論，成功地透視了核作用力的機制。為了要了解核作用力，湯川將費米理論與電動力學所做的類比再推進一步。面對中子的 β 衰變，$n \rightarrow p+e+\nu(bar)$，費米藉量子電動力學在 1930 年代發展的經驗，將其看作 $n+\nu \rightarrow p+e$ 的等效散射過程，再將其與電子－電子藉交換光子散射的類比，但把對應的「光子」省去而寫下相關的方程式。

　　雖然與電動力學做類比，費米的跳躍思考、也可說是他的實事求是，在他的 β 衰變理論中將類比於光子的交換粒子省去了。但面對核作用力理論時，湯川卻將費米理論的類比做反向思考。他仍與電動力學做類比，將質子與中

1　查兌克發現中子，有精彩的故事，我當年在臺大物理系學生刊物《時空》曾為文〈鍥而不舍的精神典範〉予以簡述，後登載在 2003 年的《物理雙月刊》。此文收為本書之附錄一。

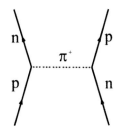 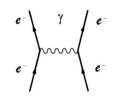

介子理論與電子散射的類比

讓我們越過費米的 β 衰變理論，直接拿湯川的介子理論與電動力學類比。大圖所示是 p+n 藉交換 π 介子變成 n+p 的散射，而較小的圖則是 e+e 藉交換光子 γ 散射成不同方向的 e+e 的圖像。因此，在湯川介子理論裡，π 介子與光子類比；光子是傳遞電磁作用的媒介，而 π 介子則是傳遞核作用的媒介。

（圖片來源：http://commons.wikimedia.org/wiki/File:Electron-scattering.png）

子間交換一顆帶電荷的「π⁺介子」來建構核作用力的反應過程。更獨到的是，湯川引入量子力學的概念，將原子核的大小尺度，解釋為所交換的 π 介子質量的對反，亦即

$$1/m_\pi \sim fm \tag{1}$$

將原子核的大小與交換的介子質量關聯起來[1]。此處的 f 乃是千兆分之一（10^{-15}），因此 fm 即原子大小約百億分之一米的十萬分之一（大家比較熟悉的 nm 或奈米，乃是 10^{-9} m 或十億分之一米）。如果光子是電磁波或電磁作用力的傳遞粒子，那麼 π 介子便是介子波或核作用力的傳遞粒子。湯川的突破可說是把電磁理論的基本概念推廣了，因為大家所熟悉的庫倫力與距離平方成反比特性，其實乃是反映了光子沒有質量。但湯川的介子理論則將庫倫力的平方反比形式加上一隨距離而指數遞減的係數，使得核作用力在一、兩個 fm 之外就不再有影響，因此是短程作用力。

　　湯川所提出藉介子交換的核作用力，其強度是電磁作用的約兩千倍，而上述種種皆可用量子與場論的概念深入

---

1 經由我們所省略的普朗克常數 h 以及光速 c。fm 又稱費米。

解釋，在此則不表。湯川不但為核作用力提出了完整解釋，而且他的解釋預測了一顆新粒子、即 π 介子的存在，其質量與核作用力的作用範圍相關，等到 1940 年代實驗發現他所預測的 π 介子，「因他……所預測的介子的存在」獨得 1949 年諾貝爾獎實至名歸。

有趣的是，在湯川理論之後，有二十五年之久，我們對核子的圖像沒有長足的進展。但就像我們一開始所描述的，原子核確實是一滴核子。水滴是水分子藉內聚力凝聚而成，而水分子間的內聚力也是一種短程力。因此，原子核是藉極強的短程核作用力將質子與中子凝聚而成。對原始湯川理論的唯一補充，乃是還有中性 π^0 介子的存在，其

湯川秀樹本姓小川，1932 年因入贅醫生之家而改姓，他也因此從京都搬到大阪。他是 1938 年獲頒大阪帝大理學博士（D.Sc.）之後才於 1939 年回到京都帝大任教授職。

1929 年湯川的京大學士論文便以狄拉克 1928 年的相對性電子理論為根基，而就像當代的日本學者一樣，他很認真地勤讀西方的期刊與書籍。當時人們普遍認為原子核仍由電磁作用力主宰，因此牽涉到電子。但電子有一個基本長度，也就是所謂的電子康普敦波長，卻比原子核的大小大了百倍，因此若電子進到原子核恐怕無法以一般的量子力學來討論……但電子又可藉 β 衰變從原子核內輻射而出，問題看起來好難。

查兌克在 1932 年發現中子帶來一些改變，但起初人們仍把中子當作質子與電子的組態。海森堡在 1933 年提出同位旋概念及其他想法，中子被視為「中性質子」，自旋與質子一樣是 1/2，因此不可能是質子與電子的組態。在 1933 年 10 月有名的索爾衛（Solvay）會議中，費米聽說鮑立所提 β 衰變可能有伴隨的無質量輕粒子輻射來維持能量守恆，回到羅馬提出了他的 β 衰變新理論。事情的發展對湯川已到達臨界點。

湯川自然很積極地閱讀海森堡 1933 年的論文，原本也以電子進到原子核為出發點探討質子與中子間的作用力。他在 1933 年探討形似 $1/m_e$ 為作用範圍的想法，但當中的質量用的乃是電子的，所以長度是原子核的百倍，因而他自認推測是錯的。當他讀到 1934 年費米的論文時，已經有人將費米的交換粒子以已知的粒子或粒子組態去討論，發現行不通。湯川因而決定不在已知粒子中去找核作用力的媒介粒子，提出了他的介子理論，並預測新介子的質量將是電子的約 200 倍。

其實在他提出的頭兩年，並無人理睬。但 1936 年，發現反電子的安德森在宇宙線事件中發現質量是電子 200 倍的新粒子蹤跡，使湯川很快在 1937 年便聲名大噪。然而，到二次大戰後鮑威爾所發現的正版 π 介子，證實 1936 年所發現的新粒子乃是 π 介子衰變的產物（後來所謂的 μ 輕子）。

湯川在日本戰後的破敗中能很快獲得諾貝爾物理獎，且是日本人獲諾貝爾獎的第一次，對日本人自尊心的恢復提供了相當的鼓舞。

質量與 π^+ 介子十分接近，也進一步應證了海森堡所提出的同位旋概念。

南部的驚人洞察

自 1930-1940 年代起，實驗的進展讓人們開始探討質子結構，但越探討越令人迷惑……

我們要介紹幫助人類「霧裡看花」或看穿迷霧的當代傳奇性人物：1921 年生於日本東京的南部陽一郎。他的想法與洞察既多而又常常比較深刻，不容易以簡單話語解釋，因此我們僅略作描述。南部在東京大學受教育，除了被粒子物理吸引外，因為當時東大的粒子物理不如京大，反而讓他對凝態物理也有所接觸。他獲東大理學博士後，於 1950 年代赴美，在普林斯頓高等研究院待過一陣，最後於芝加哥大學落腳。他深受 1957 年的超導體 BCS 理論（1972 年諾貝爾獎）所影響，在 1960 年左右對質子結構有所洞察並提出示範性的模型，領先時代至少十年。

（圖片來源：http://www.nobelprize.org/nobel_prizes/physics/laureates/2008/）

在湯川的介子理論裡，介子是強作用的媒介粒子，湯川將其質量與核作用力的短程特性相連，從原子核的大小預測介子的質量介於電子與質子之間。但人們發現 π 介子之後，卻發現還有更多種的「介子」，且質量甚至開始超過質子。實驗也發現了比質子質量高的新「重子」。介子都是自旋為整數的所謂玻色子，而重子則與質子、中子類似，為帶「半」（整數加 1/2）自旋的所謂費米子，而介

子與重子都參與強作用，因此通稱為「強子」。簡言之，人類想要了解質子結構，卻拉出一拖拉庫的強子，越弄越撲朔迷離……。但就在這瀰漫著強子迷霧的年代，因著 BCS 超導體理論的出現，讓知識跨入凝態理論的南部抓到了契機。就像費米與湯川，南部用的也是類比的思考，但他的這番類比[1]，牽涉到 BCS 理論，我們不在這裡詳述。

南部在 1960 年的洞察，簡言之如下：

· 質子之內存在很輕（幾乎無質量）的未知費米子；
· 它們之間有未知作用力；
· 該作用力引發「**自發・對稱性・破壞**」（**SSB**, Spontaneous **S**ymmetry **B**reaking）

　→ 質子變很重；

　　介子質量近乎零（因未知費米子幾乎無質量）。

注意：他的推論乃是相當重的質子裡面有很輕的未知費米子（還不知是啥的新粒子！），它們之間有未知作用

1　我在 2009 年受邀在「味物理與 CP 破壞」FPCP 學術會議中對物理學家講解南部及同時獲獎的小林與益川的獲獎理由，登錄在 arXiv:0907.5044[hep-ph]，可以參考。

力（還不知是啥的新作用力！），此作用力雖未知卻會引發對稱性破壞（！），導致質子重而介子輕……這聽起來是不是太神了一點？但南部還與合作者在 1961 年提出簡單模型，即所謂的南部－喬納-拉細尼歐（NJL）模型，將上述機制具體化。南部在混沌的 1960 年代初，看明質子結構反映出自發對稱性破壞，被破壞的乃是所謂手徵對稱性，即費米子左-右手性的自發破壞。

　　南部的洞察，雖藉 NJL 模型讓人能夠略為琢磨，但這番透視太深刻了，在當時不大能被「一般」物理學家看得懂，事實上到現在都還有很多人不大懂。但我們如今確實知道：南部所說質子中幾乎無質量的未知費米子便是所謂的夸克；它們之間的未知作用力則是到 1970 年代才發現的量子色動力學；而量子色動力學確實會引發手徵對稱性自發破壞。因此誠然如南部所言，質子變很重，而介子質量近乎零。事實上，若夸克質量真為零，則介子質量亦將為零，這是所謂的勾德石束或「金石」（Goldstone）定理，而介子則為所謂的南部－金石粒子。然而介子質量近乎零但不為零，因此是所謂的「膺」南部－金石粒子，其質量反映了夸克質量本身不為零，此「直接」夸克質量乃是直接破壞手徵對稱的。

2013 年諾貝爾獎頒給方司瓦・盎格列（François Englert，1932 年生）與彼得・希格斯（Peter Higgs，1929 年生），便是將自發對稱性破壞推廣到規範場論，發現質量為零的南部－金石粒子被原本亦無質量的所謂規範場楊－密爾斯玻色子「吃掉」，後者因而變重。這個使規範粒子變重的機制其實並未違反規範不變性，一般稱為希格斯或 BEH 機制。諾貝爾委員會在 2008 年頒獎給南部，部分原因可說是為 BEH 機制得獎鋪路。可惜盎格列的合作者和同事，羅伯・布繞特（Robert Brout, 1928-2011），已在 2011 年過世，未能親享榮耀。但南部的貢獻由此可見。

我們現今能理解質子質量，特別是在平方後遠大於介子質量的平方（$m_p^2 \gg m_\pi^2$），是拜南部的驚人洞察。他在 2008 年 87 歲時終於「因發現次原子物理的自發對稱性破壞機制」的普世貢獻獲得諾貝爾獎。其實他對物理學的貢獻遠大於此，而他的諸般貢獻有一共通性：見解深刻而創新。

1950-1960 年代的強子動物園

鮑威爾（Cecil Powell，1903-1969；1950 年獨得諾貝爾獎）的團隊藉二次大戰時所發展的照相乳膠技術，於 1946 年偵測到湯川的 $\pi^\pm$ 介子，因而湯川與他自己分別獨得 1949 與 1950 年的諾貝爾獎。理論家所推測的 π^0 介子也在 1950 年藉迴旋加速器 cyclotron 之助發現了。強子的世界在那時看來仍是簡單的，即質子 p 與中子 n 組成同位旋與自旋均為 1/2 的核子 N，而 π^+、π^0、π^- 組成同位旋為 1 而自旋為 0 的介子 π（π^- 為 π^+ 的反粒子），核子 N 藉交換介子 π 而束縛在原子核裡。拉塞福所發現的原子核可以被解釋，眾多原子（核）以及眾多元素只不過是核子物理的體現，物理學又再一次獲得重大勝利——完美的結局。

可惜人類並未從此快活度日（live happily ever after），因為就在鮑威爾發現 π 介子之後不久，人們發現了所謂的 V 粒子（產生的軌跡如 V 般分岔），而且其性質「奇異」，是為後來的 K 介子與 Λ 重子的先河。為了理解這些「奇異」粒子的特性，人們提出所謂「奇異數」S 的

概念：S 在強作用中守恆因此成對產生，但在弱作用下不守恒因此可 β 衰變。到了 1950 年代，隨著加速器的發展，新強子不斷出現，事情變得有些不可收拾。我們無法一一細數，但重點是如 30 頁之圖所示繪在電荷－奇異數或 Q-S 平面上的介子及重子八重態，而不論是介子還是重子，都增生出很多新強子「共振態」，重子甚至還有十重態。人類為了瞭解原子核問題，打破砂鍋問到底，沒想到卻像打開了潘朵拉之盒一般，扯出了料想不到的新問題。

不過呢，上面所用的語言以及圖示已然經過極大的整理，其情形非常類似於十九世紀的化學分類。新「化學家」出現了，其中的佼佼者便是著名的葛蔓（Murray Gell-Mann，1929 年生；1969 年獨得諾貝爾獎）。是他、並一些其他的人所做的系統學的工作，將多如過江之鯽的「強子動物園」分類整理成上述的圖像，其工作好似二十世紀中葉的門德列夫！

葛蔓引用佛家的「八正道」稱呼這樣的分類，背後的數學乃是一個 SU(3)群。

1964 年夸克模型

葛蔓推出「八正道」，玩著數學 SU(3)群論的「表示」（representation）遊戲。但八正道或八重態乃是 SU(3)群的「伴隨」（adjoint）表示而不是「基礎」（fundamental）表示。SU(3)群的基礎表示乃是一個三重態，也就是「SU(3)」

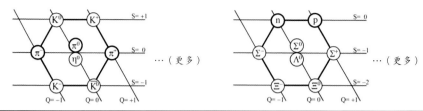

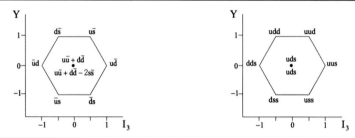

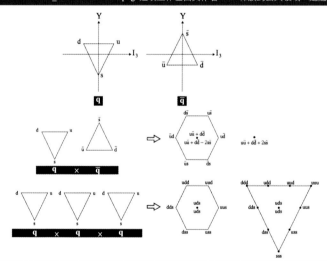

夸克與反夸克三重態到 q 與反 q 及 qqq 組態
夸克 q 為 SU(3) 基本表示 3 重態，反夸克 q(bar) 也是三重態、但所有的 I_3 與 Y 的值都反號。這裡 I_3 為同位旋 I 的 z 軸分量，Y = S（重子 Y = S + 1）稱為超荷。將 q 的三角形與 q(bar) 的倒反三角形相乘，也就是相「疊」，可拼出介子的八重態。同樣的，將三個 q 相疊可得到八重態或十重態，端看頭兩個 q 相疊出來是倒反的 3 還是 6。

裡面的 3，而 $3^2 - 1 = 8$，就從兩個 3（其實是 3 與反 3）組合成 8。於是，葛蔓將基礎三重態稱為「夸克」(quark)q，在 1964 年提出夸克模型：介子可由 q 與反 q 組成，而重子則由三個 q，即 qqq 組成。因此，複雜而疊生的介子與重子多重態乃是 q 與反 q（介子）、qqq（重子）組態及其激發態。介子與重子八重態在夸克模型之下，解構為 q 加反 q、以及 q 加 q 加 q 的複合體，如 34 頁圖所示。而重子十重態也在夸克模型之下得到良好的解釋。這也沒什麼好稀奇的，因為在群論架構下，如伴隨表示的較高表示當然可以由基礎表示的直接成積（direct product）建構出來。

在這些圖像裡，我們已將原來的 Q-S，換成同位旋的「z 軸」分量 I_3 及所謂的超荷（hypercharge）Y。與自旋相類比，π 介子的同位旋 I 為 1，因此在「z 軸」的 I_3 分量可為 $-1, 0, +1$，而我們所熟悉的電荷 Q 則是 I_3 及超荷 Y 的線性組合。我們如果再將 Q-S 平面與 $I_3 - Y$ 平面比較一下，就可看出後者是較佳的直角座標系統。

除了解構了介子與重子多重態，夸克三重態 q 當然也可以在 $I_3 - Y$ 平面上表示出來，如圖所示的 u－d－s 正三角形。這麼一來，很快的便可得到基礎表示三個組態 u、d 與 s 夸克的 I_3 與 Y 值，以及對應的反夸克三重態的 I_3 與 Y 值。看來一切平順，但葛蔓的頭卻開始大了起來。自湯川以降，當時已經成形的粒子物理的主目標，自然是發現更根本的「基本粒子」。然而，葛蔓將 u、d 與 s 夸克的 I_3 與 Y 值換算成 Q 與 S 值，後者不打緊，即 u、d 的 S 值為 0 而 s 的 S 值為 -1，但電荷 Q 的值則為 u 的 $+2/3$ 和 d、s

的 −1/3。可是，長久以來觀測到的鐵律乃是所有電荷都是電子與質子電荷的整數倍，亦即湯姆生的電子電荷乃是所有電荷的基本單位。人們從來沒看到過「分數電荷」的粒子（fractionally charged particle）。可是若帶分數電荷的粒子存在，要在實驗上看到乃是十分容易的。葛蔓在他的論文裡辯解說，這一切只是數學，不一定真有夸克存在。

然而與葛蔓大約同時，當時還是加州理工研究生的孜外格（George Zweig，生於 1937 年，是蕃蔓的學生，美國物理學家及神經生物學家，因與葛蔓分別提出夸克模型而聞名）提出他的「Ace」模型，強調它們是真實的。孜外格的出發點，部分與葛蔓類似，但不少地方與葛蔓相異。譬如他用 Ace 是因為與當時已知的輕子類比，他認為應當有四顆 Ace，而不是葛蔓的三顆夸克。但或許是因為孜外格的年輕執著及許多看似偏執的想法（連他的老師蕃蔓都如此認為），他沒有躲到抽象的數學背後，而堅信 Ace（即夸克）必定是真實的。最終，孜外格離開粒子物理而往神經生物學發展，可說為他所堅持的想法付上了完全的代價。

葛蔓於 1969 年獨得諾貝爾獎，諾貝爾委員會所引述的理由是：「因他關於基本粒子分類與相互作用的諸般貢獻與發現」，並沒有提到夸克，因為當時實在還缺乏證據。但蕃蔓曾經絕無僅有的將葛蔓與孜外格提名 1977 年諾貝爾獎，雖未成功，也算是對夸克的發現、特別是他的學生孜外格貢獻的補償。而我們在這一章的一開始點出質子 p 由 uud 三顆夸克組成，而中子 n 則由 udd 組成，可參考 30 頁夸克模型的重子八重態圖。

1969 年深度非彈性散射：電子自質子大角度散射

　　我們所要介紹的第三條脈絡，把我們帶回類似蓋格－馬爾斯登金箔實驗的拉塞福大角度散射，只是被散射的不是 α 粒子，而是高能、也就是高動量的電子。正如我們在第一章所強調的，拉塞福揭示了質子與中子的存在、引領我們探討其結構（前兩條脈絡），他同時卻也留給我們探討極小尺度結構的研究方法：高動量粒子的大角度散射。這牽涉到大的動量變化，而在量子力學裡根據海森堡測不準原理，大的動量變化正好容許探討極小的距離，因為對應到極短的波長。因此大角度散射，就像擁有極短波長的顯微鏡，能讓我們透視極短的距離，了解質子結構。

　　下頁上圖的空照圖是目前叫做 SLAC 國家加速器實驗室、原來稱為史丹福線型加速器中心（SLAC）的基地圖。圖中從左至右上，便是跨越舊金山半島、沿路風景優美的 280 高速公路。但在圖中央上方有一個筆直的白色長形建築又是甚麼呢？這便是著名的史丹福 2 英哩長線型加速器！我在加州唸博士時，曾在 280 公路上停在這個加速器的正上方，欣賞這個奇特的宏偉建築，也曾經在訪問 SLAC 時，沿著它開完完整的 3 公里。這個加速器，從靠山的那頭注入電子，將其加速到 20 GeV，即 200 億電子伏特，也就是電子的動能約為質子靜止質量的 21.3 倍（請記得 $E = mc^2$），到了 1980 年代後期，則可加速到約 45 GeV。

史丹福加速中心

鳥瞰圖（圖上），中央之2英哩長線型加速器將高能電子射入圈起來的實驗大樓內的偵測器中（圖下）。（圖片來源：http://www.fas.org/irp/imint/doe_slac_01.htm. http://www.slac.stanford.edu/history/bios/muffley_richard.shtml）

這些高能電子，被導引射向圖中心建築裡的實驗裝置中，如下圖所示的便是 1960 年代的 SLAC-MIT 實驗，擺在上圖中央最大的、用紅色圈起來的 End Station A 建築中。

在二次大戰前，史丹福就有人發展微波技術，在戰時對雷達的發展頗有貢獻。隨著微波電子學的發展，史丹福建造了全世界第一個高能電子線型加速器，為浩夫斯塔特（Robert Hofstadter, 1915-1990；1961 年諾貝爾獎）使用於原子核與核子結構的研究而聲名大噪，史丹福也在 1961 年獲得當時最高金額的贊助，興建 SLAC 及 2 英哩長的 20 GeV 電子線型加速器。可以這樣說，浩夫斯塔特及其他的人使用高能電子束，就像一個超高解像力的電子顯微鏡一般，深入探究質子結構。這個探究方法，以不參與核作用力的電子為探測源，探測質子內的電荷分布，發現電荷分布有一些像當年湯姆生模型裡的「布丁」。正因為這樣獨一無二又十分成功的研究，史丹福獲得重資挹注，將能量、也就是解像力大大提高，終而發現次質子結構的奧秘，也造就出了三個諾貝爾獎！

那麼我們就來說明位在 End Station A 的 SLAC-MIT 實驗吧。從圖中人物的大小，我們看到這個實驗裝置的巨大，因而難怪需要一整棟房子來裝它。基本上，高能電子束被導引進入 End Station A，電子在右圖中從左方進來，進來前已經先打上一個液態氫的「靶」。打到靶後散射的高能電子，經過磁鐵、也就是圖中兩個較小的「盒子」導引，射向圖右的巨型譜儀。

這麼一說，好像有點複雜，那為什麼我們說這好比當

年的拉塞福散射呢？讓我們重新擺上蓋格－馬爾斯登金箔實驗示意圖，但把 α 粒子源換成入射的高能電子。入射電子能量是知道的，它被導引到 End Station A 的過程，就好比金箔實驗的狹縫，而金箔本身，則是未在圖中顯示的液態氫靶，原來的螢光偵測屏則替換成巨型譜儀。偵測屏涵蓋的各個角度呢？你現在可能注意到地面的同心圓軌道，原來偵測入射電子的整個裝置都是可以沿著軌道移動的，還真類比於拉塞福螢光屏的弧度呢！所以，SLAC-MIT 實驗的確能夠與拉塞福散射實驗類比。

SLAC-MIT 實驗究竟觀察到了什麼？當初能量低得多的浩夫斯塔特實驗，入射電子與散射電子能量一致，只有角度改變，也就是所謂的彈性碰撞，被打到的質子只是像打撞球般彈開。但因為電子動能遠大於質子質量，SLAC-MIT 實驗不只是測量散射電子角度的改變、也測量能量的

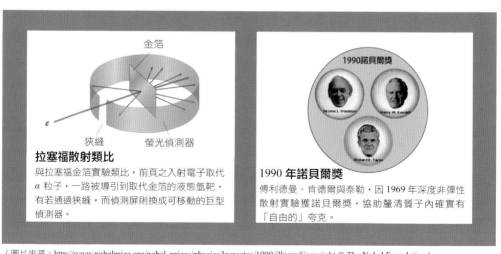

拉塞福散射類比
與拉塞福金箔實驗類比，前頁之入射電子取代 α 粒子，一路被導引到取代金箔的液態氫靶，有若通過狹縫，而偵測屏則換成可移動的巨型偵測器。

1990 年諾貝爾獎
傅利德曼、肯德爾與泰勒，因 1969 年深度非彈性散射實驗獲諾貝爾獎，協助釐清質子內確實有「自由的」夸克。

改變。若散射電子能量與入射電子不同，這就是我們標題中的「非彈性散射」——基本上質子碎掉了。「深度」非彈性散射（Deep Inelastic Scattering，或 DIS）則對應到副標題的電子「大角度」散射。高能的電子不但把質子打碎了，而且被散射的電子還大角度偏離入射方向！就像當年的拉塞福散射，這樣的大角度散射原本的預期是很少的。SLAC-MIT 實驗自 1967 年開始做這樣的測量，實驗結果出人意表，因而三位領導者，麻省理工的傅利德曼（Jerome Friedman, 1930 年生）與肯德爾（Henry Kendall, 1926-1999）及史丹福的泰勒（Richard Taylor, 1929 年生）獲頒1990 年諾貝爾獎。取自諾貝爾獎網頁的三人照片，詼諧的擺成三顆夸克排列。

部分子模型與夸克

1990 年諾貝爾獎公布時，我正在瑞士蘇黎世附近的保羅・謝熱（Paul Scherrer Institute）研究院任職，當時我們組內沒有人知道這三位得獎的仁兄是誰！（那時 WWW，更不用說 Google，還沒發明）部分原因固然是三位實驗學家行事一向低調，但更大的原因，乃是因為當年 DIS 實驗（沒多少人記得叫 SLAC-MIT 實驗，因為這也不是一個正式名稱）的結果固然轟動，但大家記得的是它的影響。更何況將物理意義闡明的人，其中之一是大名鼎鼎的費因曼（Richard Feynman, 1918-1988；1965 年諾貝爾獎），我們

譯為蕃蔓。

　　出人意外的，不只是實驗上看到不少大角度非彈性散射事件，更是因為出現所謂的 scaling（尺度可縮放調整）現象，亦即質子裡面又像各種尺度都存在、又可說成是沒有新尺度。布猶肯（James Bjorken，1934 年生）在實驗結果公布前已經藉 1960 年代盛行的流代數（current algebra）理論推論這個「無尺度」現象應當存在。然而他的討論雖然深刻，卻相當數學化，一般實驗家、甚至連理論家當時都難以消化。蕃蔓在 1968 年 8 月拜訪 SLAC 時聽說了實驗結果，10 月再度造訪 SLAC 給演講，提出「部分子」模型，基本上說，就是在質子裡存在彼此不大干擾、本身近乎沒有質量又沒有大小的「部分子」（parton）。因著高解像力的高能電子不參與強作用，因此深入質子「看到了」部分子而為其電荷所散射，該部分子則被賦予高動量而從質子彈出，因此質子碎掉了──碎裂成更多強子。

　　部分子模型宣稱在質子內有看似無質量的點電荷，解釋了 DIS 為何呈現「布猶肯無尺度」現象，因為質子內的部分子自己不帶尺度或大小，不像拉塞福發現原子內的原子核是有大小的。因此從原子物理到核子物理分別要解釋原子的 Å 大小及原子核的 fm 大小從何而來，但從原子核／質子尺度再往內的次核子物理，所發現的部分子則沒有尺度，意思是說部分子只是一個質點，就好像電子。如果這些描述讓你頭昏眼花的話，試想質子裡面存在幾乎沒有質量的質點，不是很像南部當年所說的未知費米子嗎？那麼葛蔓的夸克呢？

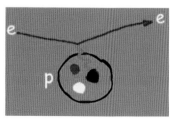

實驗發現深度非彈性散射 DIS，指向質子內有近乎自由運動的點電荷，大大刺激了理論的發展，我們無法一一細數。但最重要的，是 1973 年格若斯（David Gross，1941 年生）、鮑利策（David Politzer，1949 年生）及威爾切克（Frank Wilczek，1951 年生）證明了所謂「漸近自由」，也就是「非阿式規範場論」（non-Abelian gauge field theory）的作用常數會隨距離減少而變弱，正符合部分子模型所描述的。這個漸近自由現象倒過來則是作用常數隨距離增加而變大，最終引發南部所說的對稱性自發破缺。正確的非阿式規範群，SU(3)，在 1972 年已被葛蔓與傅利奇（Harald Fritzsch, 1943 年生）提出[1]，並得到格若斯與威爾切克的確認。強作用力的根本形式——量子色動力學 QCD（Quantum ChromoDyanmics）——翩然降臨，這實在是人類認知的又一大突破。

部分子究竟是不是葛蔓的夸克呢？答案既是「是」，也「不全是」。可以說，因為部分子模型得自全然不同的實驗所啟發，它的涵蓋面比夸克廣。後續的實驗、包括使用微中子散射的實驗，證實帶電荷的部分子乃是分數電荷，因此帶電荷的部分子確實是夸克。但實驗結果又顯示質子裡面除了帶電荷的部分子外，還有不帶電荷的部分子。這些電中性部分子攜帶著質子動量的約 50%，不可能是夸克，那麼它們是什麼呢？QCD 提供了答案：膠子

---

[1] 這個 SU(3)與當年夸克模型的 SU(3)是兩碼子事，雖然都是葛蔓提出的。

（gluon），QCD 的「色」作用力「規範粒子」，與夸克一樣帶有色荷，瀰漫在質子裡，但因不帶電荷所以電子「看不見」它。

量子電動力學 QED 是所謂的「阿式規範場論」（Abelian gauge field theory），「阿式」意為規範對稱的轉換是「可交換的」。QCD 同為規範場論，但卻神奇、複雜又豐富得多。膠子屬於 SU(3) 的伴隨表示，共有 $3^2 - 1 = 8$ 顆，而不論 u、d、s 夸克都屬於 SU(3) 的基本表示，各有「紅」、「藍」、「綠」三顆（「色」也）。夸克之間藉交換膠子而交互作用，這個比核作用更根本的色動力學，因漸近自由使得夸克在彼此靠得很近時不大發生作用，但到互相遠離時卻相黏得不得了（所謂的夸克禁閉，quark confinement，還蠻弔詭的），以致引發南部的自發對稱性破壞，也因而決定了質子的大小。與電動力學裡的光子不同，膠子自己也帶色荷，是漸近自由與夸克禁閉背後的原因，使得色動力學異常豐富，甚至預期有所謂「膠球」、即純由膠子形成的束縛態的存在。

漸近自由的發現與重要性，使得格若斯、鮑利策和威爾切克獲得 2004 年諾貝爾獎。

部分子究竟是不是夸克呢？我們現在以 QCD 為架構，通稱夸克—部分子模型，但在這裡面我們放了一個隱喻，表現在我們選的蕃蔓—葛蔓漫畫圖裡。這張漫畫，源自一張真實照片，但漫畫將葛蔓與蕃蔓的對比與關係凸顯出來。葛蔓學富五車，貢獻卓著，獨得諾貝爾獎，但無論他如何努力，有一點永遠追不上蕃蔓，就是蕃蔓有如搖滾巨

星般的個人魅力。這只要到加州理工書店的蕃蔓專櫃看一眼就知道了；要知道蕃蔓已過世二十五年，而葛蔓仍健在。蕃蔓因量子電動力學可重整化的工作，與施溫格（Julian Schwinger, 1918-1994）、朝永（Sin-Itiro Tomonaga 即朝永振一郎，1906-1979；他是湯川秀樹的中學與大學同學）同獲 1965 年諾貝爾獎。

The Atlantic Mon

夸克與宇宙演化

在這一章我們交代了人類看透質子與中子乃由夸克藉量子色動力學交換膠子結合而成，既玄又妙，故事也如史詩一般。這個認知十分不簡單，容許我們將時間往宇宙大爆炸回推到質子、中子形成前更早的所謂「夸克湯」時代，這個夸克湯又叫夸克─膠子漿，因為還有膠子在裏頭飄盪、流動，而不是一堆強子。但夸克與宇宙起源或演化究竟有甚麼關聯呢？根據 QCD 的深入研究，看來起初的 u 與 d 夸克湯冷卻形成質子與中子，似乎像船過水無痕，不留下什麼痕跡。較具體的說，宇宙溫度從百億度下降、u 與 d 夸克湯凝結出質子與中子，好像一渡就過去了（統計與相變的所謂 crossover），感覺有一點像看不見的水汽在西伯利亞直接結成冰，但連個潛熱都不釋放。除了溫度因膨脹而下降因而有從夸克到核子的相變化外，我們得不到對宇宙起源的進一步啟示。

夸克對我們宇宙的起源究竟有沒有影響？讓我們繼續追下去。

宇宙「演化」圖

u 與 d 夸克湯冷卻形成質子與中子，似乎像「船過水無痕」。

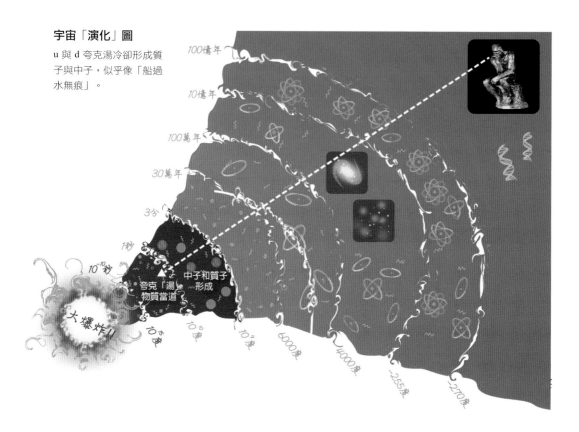

100億年

10億年

100萬年

30萬年

3分

1秒

10^{-10}秒

夸克「湯」物質當道

中子和質子形成

大爆炸!!

10^{15}度

10^{10}度

10^{9}度

6000度

4000度

-255度

-2270度

參、丁的發現與小林－益川的拓殖

「我們」是由各種原子核並周圍繞著的電子所組成，而原子核由質子與中子藉交換 π 介子組成，它們又是由 u 與 d 夸克構成。所以我們是由 u、d 夸克與電子所構成。然而，還有一個看不見、摸不著的微中子，雖然它不是我們或地球的組成成分，它的存在對我們卻至關重要。沒有藉 β 衰變自原子核輻射而出的微中子，那麼將四顆質子、即氫原子核「燒」成氦原子核的 pp 鏈核融合反應就無法進行，太陽就無法像現在這樣的放光。而若不是微中子參與的核弱作用反應極慢速進行，太陽就不能穩定而祥和的放光百億年！不僅核融合如此，若沒有鈾238緩慢的 β 衰變核分裂反應——生命期差不多有地球存在的四十五億年這麼長——地熱不會持續產生。沒有持續的火山、地震、板塊漂移與造山運動，生命在地球的演化將大受影響，人類可能也就不會、或至少延遲出現了。妙哉，造物的安排！讓我們心存感謝。

然而，1947 年湯川介子發現的前後，人類驀然回首、發現在 1936 年就已現蹤跡的「介子」，並不是湯川 π 介子。它甚至不是介子，因它根本不參與核作用，乃像電子

的雙胞兄弟──只是重了 206.77 倍！這個 μ 或渺粒子，我們不知道它的存在有什麼用處，只是它從正規 π 介子衰變而出。這是怎麼回事？難怪當 1944 年諾貝爾獎得主瑞比（I.I. Rabi, 1898-1988）得知這情況以後，提出千古一問：「（這個菜）誰點的？」（Who ordered that?）這半路殺出的「沒用」程咬金，把我們引入費米子、或物質粒子的「代」（generation）問題。

　　這一章，我們要講論一位不好惹的園「丁」的開墾、及孕育出「第三代」的小林與益川。

從「輕子」到革命前夕

　　鮑威爾藉照相乳膠技術於 1947 年偵測到湯川的 π 介子，是藉 $\pi \to \mu \to e$ 的衰變鏈。當然，記錄到的宇宙線所產生的事件，並沒有帶著標籤或貼著名牌。然而，對帶電粒子通過乳膠所造成的游離感光性的了解，鮑威爾的團隊可推斷 π、μ 的質量到一定的精確度。他們也發現在這個衰變鏈中 $\pi \to \mu$ 的衰變發生在 π 停下來後，μ 有固定能量，因此像二體衰變。但 $\mu \to e$ 的衰變則比較像中子的 β 衰變，因為電子在 μ 的靜止系統能量並不固定。起初 π、μ 被看作兩種介子，但 μ 粒子並不參與核作用，而且就是 1936 年安德森所偵測到的被當作是介子的粒子。所以，當年湯川自 1937 年起聲名大譟，部分可說是老天所開的玩笑，雖然一點也不減損他的貢獻。

　　但是，μ 這顆完全未被預期到的「程咬金粒子」，則真像是老天爺對人類開了大玩笑、給出了謎題。為何上天要為我們預備一個比電子重約二百多倍卻全無用處的胖二哥？難怪有 I.I. Rabi 的大哉問：這個菜，誰點的？因為 μ 粒子不參與強作用，與電子類似，而質量又比 π 介子輕，因此與電子歸為一類，通稱「輕子」。

　　我們在前一章已經介紹了 1950 到 1960 年代無數強子的發現。這些多半是激發或共振態，但也出現了一個「新量子數」S，在夸克模型裡，背後是一個與 u、d 夸克對應

的 s 夸克,帶奇異數 S = −1。若夸克模型是真實的,那麼 s 夸克似乎與 μ 輕子對應。但我們說早了,因為夸克模型出現在 1964 年,並且因為實驗上沒有看到分數電荷的粒子,因此並沒有被普遍接受。倒是在「輕子」的範疇,人們找到了比較清楚的圖像,亦即伴隨 μ 與電子,各有一顆 v_μ 與 v_e 微中子。這個發現,來自所謂的雙微中子實驗。

根據前面對 π → μ → e 衰變鏈的描述,人們理解第一個衰變其實是 $\pi^+ \to \mu^+ v$,亦即有一顆伴隨的微中子,而第二個衰變則真是像中子的三體 β 衰變 n → pe⁻v(bar),只不過伴隨的是兩顆看不見的微中子,亦即 $\mu^+ \to e^+ vv(bar)$。真有反微中子出現在這反應裡嗎?要檢驗可是困難得很,因為不管微中子或反微中子都極難偵測。但是,有沒有可能在 $\pi^+ \to \mu^+$ 衰變出現的微中子與伴隨中子 β 衰變的反微中子是不同種的?事實上,與原來的電子數類比,有沒有可

失落的諾貝爾獎

在安德森因發現正子或反電子而榮獲諾貝爾獎的 1936 年,他與研究生內德邁爾將雲霧室(一種偵測粒子軌跡的裝置,其發現者威爾遜獲得 1927 年諾貝爾獎)帶上四千多公尺高的派克斯峰(Pikes Peak)研究宇宙線,看到新的帶電粒子。他們在 1937 年做更多的觀測,確定新粒子的質量比電子重許多因此甚具穿透力,但質量又比質子輕不少。他們的結果很快地被斯催特(J.C. Street)與史蒂文森(E. C. Stevenson)以及後續許多人所證實。安德森稱這個新粒子為中間子 mesotron,因為質量在電子與質子之間,人們自然地把他當作湯川的介子。然而對其性質後續的研究顯示,它的衰變以及與原子核的作用似乎與湯川的介子兜不攏。因此在鮑威爾乳膠工作發表前,費米在一篇理論論文中將安德森粒子稱為 μ,或許因為它的生命期約 2 微秒吧。不久之後,在鮑威爾論文中,將所發現的新粒子稱為 π,確立 π → μ → e 的衰變鏈。而作為 μ 粒子之母的 π 介子,其生命期比 μ 短百倍。它被證明是參與強作用的湯川介子,因此可在高層大氣藉宇宙線產生,但在到達地面前便多數已衰變,解釋了為何略輕的 μ 粒子會先被發現。或許因為 1937 到 1947 年間的混淆,也因為安德森已獲諾貝爾獎,全屬意外的 μ 粒子的發現並未獲頒諾貝爾獎;或者可以說,μ 粒子的諾貝爾獎已頒給了鮑威爾。老天爺送出一顆「程咬金粒子」,而且微妙的把它的質量安排的比 π 介子輕,而且就輕那麼一點,還真有一點作弄人。

能電子數與 μ 粒子數是分別守恆的？如果是的話，那麼上述的兩個反應其實是 $\pi^+ \to \mu^+ \nu_\mu$ 及 $\mu^+ \to e^+ \nu_e \nu_\mu(\text{bar})$。就像 $n \to pe^- \nu_e(\text{bar})$ 有分別的重子數與電子數守恆（n 與 p 的重子數均為 1，而 $\nu_e(\text{bar})$ 的電子數為 −1），現在 ν_μ 的 μ 粒子數與 μ^- 一樣是 1。

如果這只是理論想像而不能實驗檢驗，那就是形而上學而不是物理。但物理學家發展了檢驗的辦法。因為到了 1960 年代，加速器的技術已成熟，π^+ 介子十分容易產生，而 π^+ 介子生命期約 3×10^{-8} 秒，若以高能量產生 π^+ 介子束，那麼跑了數十公尺後，多半的 π^+ 介子都已經由 $\pi^+ \to \mu^+ \nu$ 衰變掉了。μ 粒子因為生命期長許多所以可以跑很遠，但利用它帶電的性質，只要加一個磁場就可以把它掃到一旁而將其剔除。妙事發生了：從原來的 π 介子束，我們在其下游弄出了一個微中子束，而如果前述的電子數與 μ 粒子數分別守恆是正確的話，則這個微中子束會記得每顆微中子帶 μ 粒子數 1。如果此時將微中子束導向一高密度的靶，則這個微中子束夠強的話，可撞出 μ^- 粒子，而不會有電子 e^-。

這個構想說起來容易，實際檢測可沒那麼簡單。但在李政道與楊振寧的建議與協助下，由雷德曼（Leon Lederman, 1922 年生）、史瓦茲（Melvin Schwartz, 1932-2006）及斯坦伯格（Jack Steinberger，1921 年生）所組成的七人團隊做到了。實驗在布魯克海文（Brookhaven）實驗室進行，於 1962 年發表：從原來的 π 介子束，下游的確只產生 μ 粒子，而不會有電子產生。這個實驗不但證實

有兩種微中子、且 μ 粒子數與電子數分別守恆，還開了微
中子束作為探測源的先河。為此，雷德曼、史瓦茲與斯坦
伯格榮獲 1988 年諾貝爾獎。

從這裡我們也看見為何孜外格（Zweig）在 1964 年會
稱他的次強子模型為 Ace，因為他從一定的美學角度認
為，既然輕子的世界有 e、ν_e、μ、ν_μ 共四顆，那麼對應的
強子世界理應由四顆 Ace 來構成。有少部分的物理學家、
包括不少日本學者持這樣的想法。然而，不論 Ace 或夸克
模型，因為實驗尚不存在分數電荷的緣故，人們在 1960 年
代並沒有普遍接受。不論如何，以確鑿的知識而言，即便
以夸克模型的想法，基本物質粒子的圖像在 1960 年代以致
1970 年代初有若附圖般，缺了一角。但如前一章所述，自
1968 到 1973 年，粒子物理領域有著快速的發展與翻轉。
那是一個信與不信並存的動盪年代，正像革命的前夕。

1974 年的「11 月革命」，完成了一切的翻轉。新共和
時代來臨，粒子物理「標準模型」紀元開始。

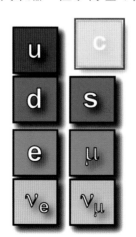

二代夸克仍缺一角

量子數 S 在夸克模型裡來自與 u、d 夸克對
應的 s 夸克。在不參與強作用的輕子範疇，
伴隨電子與 μ 各有一顆 ν_e 與 ν_μ 微中子。在
1960 年代以致 1970 年代初，基本物質粒子
的圖像有若左圖，好像缺了一角。

1974 年 11 月革命

　　1968 到 1973 年的粒子物理動盪年代，因三篇同時發表的實驗論文而迅速底定。這三篇論文在 1974 年 12 月 2 日同一天發表，但期刊收到日期分別為 11 月 12、13 及 18 日。由義大利團隊投出的第三篇論文坦承是獲知了前兩篇的結果而趕著在約一週內做出來的，而前兩篇論文則分別將所發現的新粒子命名為 J 與 ψ，因此這顆粒子至今仍稱為 J/ψ，是唯一以雙名稱呼的粒子。兩個發現團隊的主導者，丁肇中（生於 1936 年）與睿希特（Burton Richter，生於 1931 年），在 1976 年就共同獲得諾貝爾物理獎。這是因為實驗結果在 1974 年 11 月公佈之後，立刻引發百家爭鳴，但很快的便告底定：J/ψ 是 c 與反 c 夸克的束縛態，或「魅夸克偶素」charmonium。這個 c 夸克，補齊了前面「二代費米子」所缺的一角，而百家爭鳴的結果，則是粒子物理標準模型的成立。因此 J/ψ 的發現帶入了所謂的粒

魅夸克偶素的命名，取自「正子電子偶素」positronium 的類比，而後者又稱「正子素」，乃是將氫原子裡的質子替換成正子（即反電子），元素符號為 Ps。正子素的能階與氫非常類似，只是譜線的頻率減半。然而，因為正子與電子相遇會互相湮滅，基態正子素的生命期極短，不超過 0.14 微秒。正子素是正子與電子藉電動力學束縛而成，但魅夸克偶素則是藉「色」動力學束縛而成，到後面再解釋。

正子素的實驗發現，是德意志（Martin Deutsch, 1917-2002；他是在維也納出生的猶太人）在 1951 年藉氣體中正子素的性質改變而發現的。有趣的是，實驗進行時，睿希特曾以大三暑期生的身分參與，而丁肇中在 1969 年從哥倫比亞大學轉任麻省理工也與德意志頗有關係。兩人後來發現魅夸克偶素，還多少真受了德意志的啟迪。

子物理「11 月革命」，是劃時代的貢獻。

　　丁肇中與睿希特學術生涯的出發點有一些類似：他們都想了解量子電動力學 QED 在短距離是否仍成立，以及藉電動力學探測強作用粒子的性質。睿希特是在麻省理工受的教育與啟蒙，而丁肇中後來則成為麻省理工的教授。讓我們先從華人開始吧。

　　丁肇中的父母在密西根大學留學，因他早產而出生在美國，但旋即回國，因為中國正進入對日的抗戰。而因為戰爭的緣故，丁肇中在十二歲前並未受正規學校教育。他的父親丁觀海後來是臺大工學院教授，母親則任立法委員兼臺大心理系教授。後來丁肇中從建國中學保送成功大學，大一後以美國出生的身分，隻身赴父母的母校就讀，於 1959 年以物理與數學雙學位畢業，再於 1962 年獲博士學位。他到哥倫比亞大學任教後，被高能光子與原子核靶散射產生正子－電子偶對的新結果所吸引，在 1966 年率隊赴德國電子同步加速器實驗室 DESY 從事正子－電子偶對產生實驗。實驗的結果將 QED 的真確性推展到 10^{-14} cm，但也將丁肇中的興趣導引到研究「向量介子」ρ、ω、ϕ 的性質。這些介子與 π 介子八重態類似，只是自旋是 1 且比較重，因此可說是 π 介子八重態的激發態。這三顆介子的質量與質子相當，在 770 MeV/c^2 到 1020 MeV/c^2 之間，且可衰變到正子－電子或渺子－反渺子偶對。因為 ρ、ω、ϕ 介子自旋為 1，其量子數除質量之外與光子無異，可說是「重光子」，正好是丁肇中藉 DESY 正子－電子偶對實驗發展的技術所可探討的，因此丁肇中思考該如何往下走。

一個有趣的問題是，「有更多的重光子嗎？」有什麼理由向量介子只集中在 1 GeV/c²附近？為了搜尋新的高質量粒子，在幾經考慮之後，丁肇中在 1971 年決定將他的團隊搬回美國，並向布魯克海文（Brookhaven）國家實驗室 BNL 的 30 GeV 質子加速器提出計畫，藉探測正子－電子偶對來搜尋更重的向量介子，搜尋質量範圍可達 5,000 MeV/c²，即 5 GeV/c²，約質子的五倍多重。到 1974 年果真有了所沒有預想到的發現！

　　根據他們在 DESY 作實驗所發展的技術，丁肇中的團隊按計畫建造了一個大型雙臂偵測器，偵測器的兩邊可分別精確偵測電子或正子，再重建出原始的「重光子」，質量解像力可達 20 MeV/c² 或更低。這個偵測器所費不貲，高解像力可說是為尋找很「窄」的共振態。這裡很「窄」的意思是指共振態的質量非常確定，而不是像 ρ 介子因衰變「寬度」已達 150 MeV/c²，亦即是質量在 700 MeV/c² 到 840 MeV/c² 之間的共振態。然而當時並沒有跡象顯示在 1 GeV/c² 以上會有任何「窄」的共振態，因為咸認重強子的衰變「寬度」應當為質量的約 20%，因此丁肇中頗受批評。但或許是 φ 介子的寬度約 4 MeV/c² 遠窄於這個律，而丁肇中屬於那種不大信任理論預測的實驗家，所以他按原計畫進行。

　　實驗裝置在 1974 年春完成，經檢驗效能與設計的無異。到了初夏他們在高質量的 4-5 GeV/c² 取了一些數據，沒有發現多少正子－電子偶對。到了 8 月底，他們將磁鐵強度調到擷取 2.5-4 GeV/c² 的質量範圍，立即看到真實而

乾淨的正子－電子偶對出現。但最令人驚訝的是，多半的正子－電子偶對集中在 3.1 GeV/c² 附近，而仔細分析的結果顯示寬度小於 5 MeV/c²！這個驚人的結果，讓原本就嚴謹的丁肇中更加吹毛求疵起來；他無法容忍自己的實驗結果有絲毫的錯誤。為此，他在團隊中原本就建立了完整的一大套檢錯辦法，譬如要有兩個小組完全獨立分析等等。在極多的驗證之後，他們確信看到了新粒子。因著他的團隊多年來在研究電流的效應，他們覺得可以稱呼新粒子為「J」。當然，人們不可避免的必然會與中文的「丁」作聯想。

到了 10 月中丁肇中打算再取一些不同的數據，檢驗他心中的一些疑慮。但這時有成員堅持必須儘速發表結果。除了這樣的壓力，恐怕多少也是因為自太平洋岸傳來同樣發現的訊息，丁肇中終於決定發表 J 粒子的發現論文。丁肇中團隊的論文收到日期比睿希特團隊論文早一天，或許是因為期刊的辦公室就在 BNL 實驗室附近的緣故吧。

睿希特於 1948 年進入麻省理工，1952 年升研究所，原本研究同位素譜線在強磁場下的效應。但因為要使用加速器產生同位素，他開始對核子與粒子物理問題以及加速器物理發生興趣，因而發展成偵測器與加速器兼修的實驗物理學家。他在麻省理工同步加速器實驗室的研究，讓他與丁肇中一樣，對 QED 在短距離是否仍成立感到興趣。因此，在 1956 年拿到博士後，他接受了史丹福高能物理實驗室 HEPL 的聘約，因為 HEPL 發展了 700 MeV 能量的電子線型加速器（第二章）。他在史丹福的第一個實驗，是

藉高能光子產生的正子－電子偶對檢驗了 QED 到 10^{-13} cm 的精確度，在當時是一個最新的結果。

自 1957 年開始，睿希特參加了開啟對撞機先河的電子－電子對撞機研究工作，花了六年從事加速器研究。到 1965 年，利用這個新對撞機，QED 的精確度推展到了 10^{-14} cm。但睿希特不能忘情電子－正子偶對，打算發展電子－正子對撞機以研究強子的性質。在這裡我們多少看到第二章所述浩夫斯塔特電子－質子散射的影響。新成立不久的史丹福線型加速器中心 SLAC 主任潘諾夫斯基（Wolfgang Panofsky, 1919-2007）邀請睿希特轉任 SLAC，著手設計高能電子－正子對撞機。到了 1984 年，睿希特正

丁的團隊展示 J 的發現

丁肇中的團隊發現了新粒子，命名為「J」。照片中丁肇中面前展示的圖表是他們的實驗數據。（圖片來源：http://www.flickr.com/photos/brookhavenlab/3190808623 根據 Creative Commons 授權。https://www.bnl.gov/bnlweb/history/nobel/nobel_76.asp）

看著他卓絕的神態，不凡的丁肇中先生有著不凡的譜系與身世。他的外祖父王以成是死於山東諸城起義的辛亥革命先烈，那時丁肇中的母親王雋英才三歲。丁肇中的外祖母也是一位奇女子，在王以成犧牲後自己毅然受教育獨立養育女兒，並堅持這個獨生女要受高等教育。王雋英被王以成的至交與革命同志丁惟汾收為義女，與丁觀海相識也是在丁惟汾家中。後來在丁惟汾的協助下，丁觀海與王雋英到密西根大學留學，並因丁肇中早產，1936年初在美國出生後才回中國。因父母都是教授，又因為戰亂流離，丁肇中在十二歲前是在家中受教育，因此他的外祖母及母親都對他有極大的影響，多少承襲了兩位女子的堅毅。而丁肇中的弟與妹分別取名華與民，因此當他被問及若有老四是否會以「族」起名時，丁肇中即刻回應說：「不，叫丁肇國，因為沒有這個國，所以就到臺灣去了！」因為丁肇中的外祖父是為肇建中華民國而捐軀的。

丁肇中的獨特與堅毅，也與他隨父母去了臺灣以後的際遇有關。他的母親為了幫他補上學校的進度，讓他留級小六一年，然後進入成功中學初中部，再轉入建國中學。除了學教育心理學的母親對他的開明栽培與鼓勵外，建國中學對丁肇中的養成也是相當重要的。然而他進大學的過程不順，只進到當時還叫臺灣省立工學院的成功大學。因此當有機會直接到密西根大學時，他自己毅然決定隻身前往。以他當時英文還不夠強，家裡經濟條件也不充裕，在美唸書的經驗一定加深了他的刻苦與堅毅。他的母親也安排到美國以便就近看顧寶貝的長子，但於1960年底病逝。丁肇中自承「一生成就與母親的教育密不可分」。

式從潘諾夫斯基手上接任 SLAC 實驗室主任。

睿希特於1965年向美國原子能委員會提出高能電子－正子對撞機計畫，中心能量範圍可從 2.6 GeV 到 8 GeV。這個計畫經過了極漫長的過程，直到1970年才獲得經費，他的團隊在二十一個月之內就把稱為 SPEAR、周長200公尺的環型機器（因此又叫儲存環）造出來了。在漫長的等待經費過程中，他們眼巴巴的看著別的地方也開始發展電子－正子對撞機，但他們也從別人的經驗中改進了設計。而為了確保研究能有豐富成果，睿希特還向 SLAC 及隔著金山灣的柏克萊招募物理學家以壯大陣容，讓他的團隊能專心於 SPEAR 加速器以及部分偵測器的建造，由合作者建造偵測器的其他部分。這樣的合作，發展出了所謂螺管偵測器的先河——Mark I 偵測器。這個偵測器使用與對撞束流同軸的螺管線圈，使得磁場與電子及正子束流平行，

偵測裝置則呈圓柱形一層一層建在磁鐵內外。從那以後的對撞機偵測器，都可說是以 Mark I 為藍本。

1973 年實驗終於開始，睿希特在 1974 年的高能物理暑期大會中報告了實驗結果：當中心能量從 2 GeV 提升到 5 GeV 時，正子－電子產生強子與產生 $\mu^+\mu^-$ 對的比率（R）從大約 2 上升到 6。理論家的總結報告則莫衷一是，對 R 值的預測從 0.36 到無窮大都有。在這個議題，顯然理論有待實驗來啟發。

尋求對 R 值增加的了解以至於發現新粒子，接下來的發展就有些羅生門了。照睿希特團隊論文的說法，他們以每 200 MeV 的級距掃描中心能量改變所產生的變化，注意到在 3.2 GeV 附近的強子產生強度提升了 30%。為此，他們調到 3.3 GeV 附近沒有看到變化，但調到 3.1 GeV 附近，則得到難以自洽的結果：加速器跑了八次，有六次沒有看到變化，但有兩次則強子產生強度跳高 300% 或 500%。這樣的結果可以是因為在比 3.1 GeV 高一點的地方有一極窄的共振態，那麼因為每一次加速器設定的能量誤差，在 3.1 GeV 附近觀測結果的浮動便可以解釋了。有了這個了解，他們便在 3.1 GeV 附近作更精細的能量掃描，發現在 3.105 GeV 附近有一個寬度小於 1 MeV 的共振態，這個共振態在解像能力範圍內，正子－電子到強子的產生強度增加百倍以上。而因為這個全未預期到的新共振態是藉正子－電子湮滅到（虛）光子產生，它的量子數與光子一樣，即自旋為 1。團隊討論如何命名，睿希特提議用「SP」以茲紀念他所寶貝的 SPEAR，但兩個字母不合正統。他們將希臘字

母攤開來找還沒有被使用過的，在排除了帶有「微不足道」寓意的ι（iota）之後，選擇了「ψ」，因為它唸作psi，內含反著寫的sp。

然而，丁肇中在他1972年初的BNL實驗計畫書裡曾寫道：「與一般所認為的相反，正子－電子儲存環並不是尋找向量介子最好的地方。正子－電子儲存環的能量是精確而固定的。要系統化地搜尋更重的介子，必須持續的調整並監控兩個對撞束流的能量——這是一項需要無窮運轉時間的困難工作。最適合儲存環的是在新向量介子發現後，仔細測量其各種參數性質。」這是他提案在質子束流環境而不是光子束流環境、也沒有在DESY的對撞機加速器作實驗的理由。BNL實驗室的高能質子束是適當的發現環境，儲存環是適當的測量環境。順著這個思路，再看前述SPEAR儲存環在3.2、3.3、3.1 GeV的上下掃描，能正好掃到3.1 GeV附近，所發現的新共振態寬度還真的比儲存環約1.5 MeV的能量精確度窄，是不是太神奇了？莫非消息走漏，SPEAR的人已經知道往哪裡去看！？這樣的疑問一定是揮之不去的，然而丁團隊多少也是聽到來自SPEAR的印證而放心所見屬實而不是大烏龍，他們自己也確實在這個大發現上琢磨太久了。

更進一步講，SPEAR的睿希特團隊果然照丁肇中計畫書裡所寫的，發揮了詳細測量的功能。他們往3.1 GeV之上的能量繼續掃描，在3.685 GeV附近看到第二個窄的共振態，稱之為ψ'或ψ（3685）。有趣的是，ψ'的典型ψ'→ψπ⁺π⁻→e⁺e⁻π⁺π⁻衰變，在Mark I偵測器紀錄下來的圖像

還真有那麼一點像「ψ」。繼續的測量推論 J/ψ 的寬度只有約 0.07 MeV，即寬度只有質量的 45,000 分之一，而不是預期的像 ρ 介子一般的十分之一或五分之一，ψ' 的寬度則有約 0.22 MeV。所以，即便丁肇中團隊率先看到 J，但物理性質及更進一步的發現則來自睿希特團隊。更何況睿希特開發了新型加速器與偵測器，這在諾貝爾委員會是很受重視的。

因為丁肇中藉 pp → e⁺e⁻ +〔其他強子〕發現 J，而睿希特藉 e⁺e⁻ →〔強子〕看到 ψ，諾貝爾獎得主葛拉曉（Sheldon Glashow, 1932 年生，1979 年獲獎）曾戲稱「Burt saw the Sam（e）T（h）ing」，亦即伯爾特（睿希特名 Burt）從管子的一端端詳，看到了山姆・丁（或「看到了相同的東西」；丁肇中英文名字是撒母耳 Samuel）。俏皮的雙關語，點出了 J/ψ 發現的戲劇性張力。

「11 月革命」十週年紀念會於 1984 年 11 月 14 日在 SLAC 舉行，其海報將當年丁肇中團隊的「J」與從 ψ' 衰變而得的「ψ」並列。我們特選了一張解像力不佳的黑白照，照片中睿希特手指著丁肇中，而丁肇中身形略顯扭曲。然而，兩人得諾貝爾獎的貢獻是無與倫比的。基本上，雖經過 1968 到 1973 年的巨大演變但在 1974 年夏天仍嘈雜、紛亂的粒子物理理論，藉 J/ψ 介子的發現而迅速底定：新的 c 與反 c 夸克束縛態，或「魅夸克偶素」。這個束縛態是藉量子色動力學 QCD 而結合在一起，只有質量數萬分之一的寬度可以被 QCD 解釋，而伴隨的魅夸克偶素能譜對應到許多新的 c 與反 c 夸克束縛態，與熟悉的正子電子 e⁺e⁻

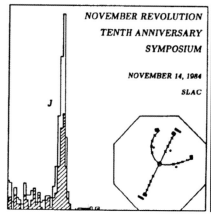

11 月革命十週年紀念會

「11 月革命」十週年紀念
會在 SLAC 舉行，左圖將
當年丁肇中團隊的「J」與
從 ψ' 衰變而得的「ψ」(其
實是 ψ' 衰變到 e⁺e⁻π⁺π⁻ 的
軌跡記錄，e⁺ 與 e⁻ 是從右
上到左下近乎直線的部分)
並列。右圖照片中，睿希
特與丁肇中有著有趣的肢
體語言。

偶素十分類似（也就是說，蠻像原子譜線的重現），只是
前者是 QCD 束縛態而後者是 QED 束縛態。對 c－反 c 夸
克束縛態能譜的研究，清楚驗證了 QCD 的正確性。對我
們而言，重要的是夸克被確立，不再被人質疑。人類對物
質結構的瞭解確實向下推進一層，即質子與中子是由夸克
組成，而 c 夸克補足了原來的缺口：第二代費米子終於到
齊。原本的瑞比問題「這道菜誰點的？」，擴展到「誰點
了第二代？」

　　為何要有第二代？這就把我們帶到小林與益川所拓殖出
的「第三代」，以及他們為瑞比問題所提供的一定的答案。

年輕的小林與益川

照片攝於 1973 年左右，前排左側為益川敏英，後排左一為小林誠。（圖片來源：http://www.asahi.com/special/08015/TKY200810070320.html，KEK 提供。http://legacy.kek.jp/newskek/2003/mayjun/km.html, proffice@kek.jp）

三代的預測與發現

　　我們在第二章提到了南部陽一郎的驚人洞察，「因發現次原子物理的自發對稱性破壞機制」而獲得 2008 年諾貝爾獎。同一年，小林誠（1944 年生）與益川敏英（1940 年生）「因發現一種對稱性破壞的起源，因而預測了自然界至少有三個夸克家族的存在」，與南部同獲諾貝爾獎。小林與益川所探討的，是 CP 對稱性破壞，與南部所提出的自發對稱性破壞機制是十分不同的東西。關於 CP 對稱性破壞的問題，我們到下一章再進一步討論，但小林與益川所提出的 CP 破壞的源頭，需要至少三代夸克的存在，還不只是兩代。他們的文章在 1972 年 9 月投出的時候，益川

三十二歲，而小林只有二十八歲。

　　小林與益川的論文在 1973 年初發表，他們之所以討論到第三代的夸克，乃是因為夸克模型的前身乃是所謂的坂田模型，是由他們老師輩的坂田昌一（1911-1970）在 1956年所提出的。早年師從並跟隨湯川的坂田在名古屋大學創建了名古屋學派，十分有影響力。因此，日本學者對夸克或類似的概念並不排斥。而坂田早在 1942 年就已提出有兩種「介子」、並兩種微中子的可能性，可惜論文因戰爭而延遲到 1946 年才發表。他在 1962 年又將他的坂田模型擴展到包含輕子，並討論了「微中子混合」的機制，實在是一位先驅工作者。

　　除了日本以及孜外格所提的 Ace 模型倡導與輕子對應的有四顆夸克外，其實在 1974 年 11 月革命之前十年，魅夸克 c 便已被提出與命名了。就在葛蔓的夸克模型提出不久，布猶肯（第二章）與葛拉曉於 1964 年提出與 u 夸克同為電荷 +2/3 的 c 夸克作為 s 夸克的同伴，好讓 d、u，s、c 能與 e、ν_e，μ、ν_μ 對應。到了 1970 年，因為 K^0 介子衰變到 $\mu^+\mu^-$ 的理論與實驗結果的重大矛盾，葛拉曉與另兩位合作者（合稱 G.I.M.）提出，在解釋 s 夸克衰變性質的「d-s 混和夸克」d' 之外，還有另一個與其正交的「s-d 混和夸克」s'。因著 s' 與 d' 的正交性，就可以抵銷前述 K^0 介子衰變到 $\mu^+\mu^-$ 的強度，而可以與實驗結果相符。這個漂亮的 GIM 機制，前提是要有與 s 夸克配對的 c 夸克存在，才能使 d、s 夸克到 d'、s' 夸克的「旋轉」在場論語言下成立。因此，在 GIM 機制之下，c 夸克的存在不僅是為了與輕子

的美學對應，乃是在確實的理論計算中必須的。即便如此，我們當知道，GIM論文只是眾多理論論文中的一篇，最後仍要靠 J/ψ 的發現來確認 c 夸克的真確性。

GIM 的論文中提到 d-s 到 d'-s' 的二維旋轉，不會出現 CP 破壞的相位角，這就成了小林與益川的契機。小林與益川分別在名古屋大學拿到博士學位，也先後轉赴京都大學研究。小林在 1972 年春到京都大學後，重拾與益川的合作，研究 CP 破壞問題，探討其可能來源。在探討了各種可能後，他們也討論到夸克的混合與「旋轉」。我們要知道，夸克的混合在名古屋因坂田討論了微中子混合乃是很自然的。小林與益川說明在兩代夸克的二維旋轉，的確不會出現 CP 破壞的相位角，但他們並沒有引用 GIM 論文。但不同於 GIM，小林與益川乃是針對 CP 破壞做探討，因此他們在文章的末了提出，若將二代推廣到三代，則將不僅是一個三維的旋轉，而會有一個單一的、無法排除的相位角，是能破壞 CP 對稱性的。這個 CP 破壞相角在 2001 年獲得實驗確認，使得小林與益川能與更資深的南部於 2008 年同獲諾貝爾獎。

因為小林與益川提出的想法只不過是眾家理論中的一支、又發表在略為偏鄉的日本期刊，且提出時仍是紛亂的 1973 年，在起初兩年並沒有造成多少迴響。即便 11 月革命發生，很多人把它當作是確認了葛拉曉的 c 夸克。但到了 1975 年，在釐清了 c 與反 c 夸克束縛態所造成的眾多「有趣背景」事例之後，陂爾勒（Martin Perl, 1927-2014）所帶領的 SLAC 與柏克萊團隊宣稱看到了新的 τ「輕」子，

質量約 1.78 GeV/c²，是質子質量的近兩倍。這個不再輕的輕子，歸類是根據它不參加強作用，與電子、渺子一樣。它的發現乃是藉 e⁺e⁻ → τ⁺τ⁻ → e⁺μ⁻ +〔至少兩顆看不見的中性粒子〕，後者咸信是微中子。若 e、μ、τ 粒子數分別守恆，則應是有兩顆 τ 微中子加一顆 e 微中子、一顆 μ 微中子（我們在此不區分微中子或反微中子，因為在當時的實驗是無法測量的）。由於發現第一顆第三代費米子，陶爾勒榮獲 1995 年諾貝爾獎。與他一同獲獎的還有在 1956 年藉核反應器實驗確認如鬼魅般的微中子存在的瑞納斯（Frederick Reines, 1918-1998）。其實，SLAC 的臺籍理論家蔡永賜（Paul Y.S. Tsai, 1930 年生）的 τ 衰變理論計算對 τ 的發現頗有貢獻，但已然淹沒在歷史的洪流之中。

在 τ 輕子發現後不久，雷德曼（雙微中子實驗主導者之一）所領導的團隊在費米實驗室藉 400 GeV 的質子束於 1977 年發現了類似 J/ψ 但重三倍的極窄新介子，是三代 b 與反 b 夸克的束縛態。其實雷德曼在丁肇中之前就已看到了 J 粒子的先兆，只是因為經費的緣故，他僅建了一個「單臂」的譜儀，因解像力太差而只看到了一個有若「肩膀」般的隆起，而不是丁後來所看到的尖峰。因此，雷德曼奮力建了雙臂譜儀，他也吉人天相，只在三倍高之處就被他找到了。這當中倒是出了一點糗事。雷德曼團隊稍早曾在 6 GeV/c² 附近便宣稱發現新粒子，並命名 Υ。這也成為後來確實的 b 與反 b 夸克的新介子的名稱。因為這個大寫希臘字母的唸法，人們當年用 Oops-Leon 來稱呼更早出現的「6 GeV/c² 粒子」以調侃雷德曼，因為他的名字是 Leon。

b 夸克現在通稱底夸克或美夸克。

　　相較於 τ 與 b 的接續發現，第三代電荷 +2/3 的 t 或頂夸克的發現，則又等了十八年。這是因為沒有人預想到它的質量竟比它的伙伴 b 夸克重上四十倍！其實早先人們拿 m_u ∼ m_d 及 m_c∼$10m_s$ 類比，認為 m_t 應當不會超過 m_b 十倍。因此從 1970 年代後期到 1990 年代前期的正子電子 e^+e^- 對撞機，從 SLAC 的 PEP（以及後來的 SLC）、德國 DESY 的 PETRA、日本高能實驗室 KEK 的 TRISTAN，到歐洲核子研究中心 CERN 的 LEP，都尋找過頂夸克，中心能量範圍涵蓋 30 GeV 到 100 GeV。有趣的是，藉發展 CERN 新穎的質子－反質子對撞機於 1983 年初發現重規範向量玻色子 W 和 Z 的儒比亞（Carlo Rubbia，1934 年生，1984 年諾貝爾獎）團隊在 1984 年甚至宣稱發現了質量約 40 GeV/c² 的頂夸克，還差不多正好是底夸克的十倍，後來證實是子虛烏有。頂夸克一直要到 1990 年代中期，費米實驗室中心能量 1800 GeV 的質子－反質子對撞機運轉良好以後才發現，質量約 173 GeV/c²，遠重於人們原來的想像。

　　最後一個環節則是第三代 v_τ 微中子。從某方面講，它的存在在 LEP 的實驗從事向量玻色子 Z 到微中子－反微中子對的強度測量時，確實量到三顆微中子應有的強度而獲得證實。但直接偵測的證據則要到 2000 年。然而這個也是在費米實驗室進行的測量似乎未造成如頂夸克發現般的轟動，給人一種還有待後續的感覺。

三代全席

小林與益川在 1973 年提出要
有 CP 破壞，需要至少三代夸
克的存在。在 1974 年發現 c
夸克的 11 月革命之後沒有多
久，1975 年和 1977 年 τ 輕子
與 b 夸克相繼發現，而頂夸
克與 ν_τ 微中子則到 1995 及
2000 年才發現。

基本費米子

無論如何，在小林與益川於 1973 年藉 CP 破壞預測應當至少有三代夸克之後，τ 輕子與 b 夸克很快便在 1975 與 1977 年出現了，而頂夸克與 ν_τ 微中子也在 1995 及 2000 年發現。三代的基本費米子全員到齊，而不同於二代的出現所伴隨的瑞比「誰點的？」問題，小林與益川為三代的存在提供了理由：為了 CP 破壞！我們在下一章將進一步引伸這個問題，因為小林－益川機制似乎並未提供足量的 CP 破壞。

雖然瑞比問題得到了部分答案，但代價有一點高：且不談微中子，e、μ、τ 輕子加六顆夸克共有九個費米子質量，再加上夸克混和有三個旋轉角及一個相角，擁有三代費米子，參數是否多了一點。更何況微中子也有三個極輕

的質量，及三個已量到的旋轉角和一個未知的相角。我們端詳三代基本費米子圖像，不免想到當年的週期表。難道有新一層的物質結構嗎？讓我們也附帶說明一下何謂「基本」：沒有結構。除了頂夸克與微中子我們的資訊尚不足外，就我們所知，其他夸克及帶電輕子我們已驗證他們到 10^{-16} cm 是沒有結構的。對於 u 與 d 夸克，則它們似乎一直到 10^{-18} cm 是沒有結構的。

除了參數數量、沒有結構外，基本費米子還有質量分布範圍問題，如圖所示。顯然，微中子獨樹一格，質量輕到 eV/c^2 或以下，需要分開討論。但它們與帶電費米子一定有關連，這個關連是什麼？帶電費米子的質量分布則從電子的 0.5 MeV/c^2 一直到頂夸克的近 200 GeV/c^2，涵蓋六個數量級。這又是為什麼？我們在 1970 年代之前，只知道 e、μ 與 d、u、s 夸克的存在，圖右邊的 c 與 τ、b、t 則是 1970 年代中期以後才出現的，反映了它們較重的質量。因此 c、b、t 與 τ 被歸為「重（口）味」（Heavy Flavor）費米子；「重味物理」的研究，到 1970 年代後期才展開，是人類探討的較新領域。但，可說是與 π 介子同步發現的 s 夸克，身份則十分特殊。就像前面所描述的 K^0 介子到 $\mu^+\mu^-$ 的衰變引出了 GIM 機制，CP 破壞也是最先藉 K^0 介子的研究發現的。對含 s 夸克的 K 介子研究，歷經了三分之二世紀還在進行，因此 K 介子物理也常被視作「重味物理」的一部份。

雖然瑞比問題因三代基本費米子的存在得到部分回答，然而三「代」的重複出現、並其所帶入的參數數量與

數量級範圍等問題，其實可以把瑞比問題重新問一遍：「這些重口味，誰點的？為什麼（辣度）範圍這麼大？」看來我們又需要新的門得列夫……新的「量子力學」，還是新的動力學了。

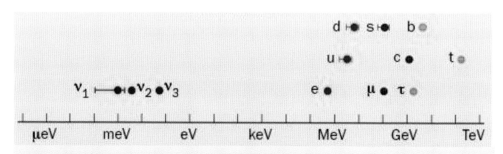

基本費米子質量圖

1970 年代之前只知道 e、μ，ν_e、ν_μ 與 d、u、s 夸克的存在，圖最右邊的 c 與 τ、b、t 則是 1970 年代中期以後才出現的，反映了它們較重的質量（紅色、藍色及綠色分別為一、二、三代）。這些被稱為「重（口）味」費米子的 c、b、t 與 τ 又是「誰點的」呢？而微中子（紫色）為何又這麼的輕呢？（圖片來源：http://hitoshi.berkeley.edu/neutrino/PhysicsWorld.pdf murayama@hitoshi.berkeley.edu）

肆、沙卡洛夫與宇宙反物質消失

宇宙反物質到哪裡去了？有些問題被問出來，讓人摸不著頭腦。

本書的主題是討論夸克與宇宙起源的關係。除了「我們是由什麼所構成的？」之外，我們要探討一些更根本的論題：我們不時提到的反物質——「為何我們的宇宙只見物質而不見反物質？」請想一想，若我們周遭有反物質，那會是相當恐怖的，因為物質——你、我——碰到反物質會湮滅而釋放極巨大能量。所以，我們生活的周遭，自古以來沒有反物質可是個經驗定律，因為我們與人見面握手的時候，並不需要確認對方不是「反人」。但這並不是說宇宙原本從來沒有過反物質。宇宙中到現在還存留有反物質嗎？會不會有反物質星系與星球？這聽起來蠻聳動的，但物理學家不再認為可見的宇宙有反物質區域，因為若有，則在物質與反物質區塊之間應當存在很亮、很暴烈的介面，我們卻沒有觀察到。

目前的看法是，宇宙起初的大爆炸產生了等量的物質與反物質，但在很短時間之內，有一小部分反物質變成了物質，隨後反物質與物質相互湮滅，只有那麼一點物質存

留，成就了我們。使極少部分反物質「變節」成物質的基本條件之一是「CP」破壞，其中的「P」是李政道與楊振寧先生所談的「宇稱」。

　　CP破壞是製作「人類溫床」的沙卡洛夫三條件之一。在這一章，我們要從反物質的發現講起，然後從宇稱不守恆講到CP破壞的發現，最後才引入沙卡洛夫的洞察。

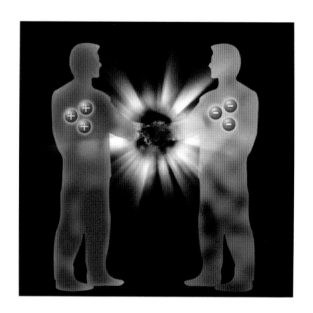

反物質的預測與發現

　　我們在第一章介紹過的舒斯特是最早幻想「反物質」的人之一。他在 1898 年以夏末之夢的筆法，在《自然》（*Nature*）期刊論文中猜想物質與反物質分別是在四維空間裡某流體「流出之源」與「流入之匯」，而源與源、匯與匯之間會相吸引，但源與匯之間則會相排斥……。因此這一類十九世紀的想法，多半是從重力角度入手，舒斯特也進一步幻想了他的反物質世界。但我們現今所知道的反物質，則是從相對論與量子力學結合而來，超越了舒斯特的想像。

　　為了將薛丁格方程式推廣到電子的相對論性運動，狄拉克（Paul Dirac, 1902-1984）在 1928 年寫出了以他為名的方程式，從而預測了反物質的存在。讓我們在這裡作簡易版的討論。大家都熟悉的 $E = mc^2$ 公式，很多人知道其實是 $E^2 = p^2c^2 + m^2c^4$，第一項是動能，與三維的動量 p 有關，在動量為零的質心系統便回到傳統的 $E = mc^2$。但由此可見，除了平常的 $E > 0$，相對論其實是容許能量 $E < 0$ 的。而在量子化以後，也就是狄拉克方程式，就必須 [1] 要面對能量為負的解。在數學的處理上，狄拉克發現能量為負的

1　薛丁格方程式是將非相對論性的 $E = +p^2/2m$ 動能予以量子化，因此已檢選能量為正。

狄拉克（Paul Dirac）於 1902 年生於英國布里斯托，父親來自瑞士法語區，母親則是英國人。他直到十七歲才與父親和兄妹歸化英國籍。狄拉克十分內向而沈默寡言，用字簡潔而精準，部分原因，據他說乃是因為從小父親要求他以法語對話，但他做不到，漸漸的就不怎麼說話了。這或許也是他傾向數學的原因。他的言簡意賅與就事論事可從下面的軼事看出來。據波爾描述，有一次狄拉克在一個國際會議裡給完演講，有人舉手問道：「我不明白黑板右上角的方程式。」在一段不算短的沈默之後，主持人問狄拉克能否回答這個問題。狄拉克回答說：「那不是一個問題，而是一個聲明。」這還是他較長的發言，通常他都是以是與不是來回答的。但他寫的論文則清明透亮，楊振寧先生稱讚他如「秋水文章不染塵」，沒有任何渣滓，直達宇宙的奧秘。狄拉克在海森堡獨得諾貝爾獎後一年，與薛丁格分享 1933 年諾貝爾獎。

解對應到質量與電子相同但電荷相反的粒子。起初他也搞不清楚，曾試圖將這個粒子解釋成已知存在、熟悉的質子，但不能盡其全功，最後以「反電子」做為結論。因為太新穎了，我們不能說在 1930 年左右，人們真的認知反粒子的存在。還好沒有多久，安德森在 1932 年藉雲霧室發現了質量與電子相同但電荷相反的粒子，大家才確知深信反電子 e^+，即正子的存在。原來這一切都藏在相對論理，藉量子化而顯現出來。而藉狄拉克電動力學方程式所預測的正負電子湮滅（annihilation）現象，以及倒反過來的正負電子成對產生（pair production）的現象──因為電子數守恆──在 1933 年得到實驗確認。

什麼是反物質？

什麼是「反」物質？除了與物質粒子「質量相同但電荷相反」的口訣外，物質與反物質相遇會相互湮滅。譬如正子遇上電子，電荷互相抵銷了，它們的身份可以相消，

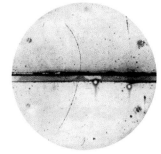

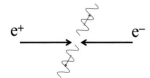

正、負電子對湮滅

反電子 e^+（正子）與電子相互湮滅，產生 γ 射線，或純粹能量。

還原成 $E = mc^2$ 的純粹能量，釋放（至少）兩顆光子。我們說，反電子、即正子 e^+ 與電子 e^-「相互湮滅」產生 γ 射線，或純粹能量。

　　一個正、負電子對湮滅會釋放出約 1 MeV 的能量，與一般化學反應的 eV 級能量釋放相比，高了近百萬倍，而且與一般核反應相比，不留餘物。也許你讀過丹‧布朗所寫的**天使與魔鬼**這本書（寫在**達文西密碼**之前），或看過拍成的電影。書中以特殊裝置封裝極少量的反物質，使其不與物質接觸，但被名為**光明會**的天主教秘密團體劫走。可是保護裝置的有效期限快到了，一旦過期，反物質與物質相遇會釋放約對等於半克的能量，足以毀滅梵蒂岡教廷城，因此，蘭登教授出動⋯⋯。

　　反物質不只出現在驚悚電影裡，其實早已走進我們生活的周遭，只是我們沒有察覺而已。你走進一間大型醫院，在某個光鮮亮麗的角落，常可看到所謂的正子造影中

心。這是什麼呢？這是結合正負電子對湮滅及偵測、生化醫學、電腦影像處理的高科技醫學診斷儀器。它利用了正負電子對湮滅成背－對－背的兩顆光子的特性，可以將只有 1 mm 大小的癌症腫瘤顯現出來。所以說，狄拉克與安德森反物質的發現，不只是有洞悉物質本源的學術價值，對人類生命與生活確實是有影響的。

反電子的理論與實驗發現、並正負電子湮滅的實驗確認，讓人們認知了反物質的存在。我們在前面章節提到的 $\mu^{\pm}$ 輕子與 $\pi^{\pm}$ 介子也是以正、反粒子存在，符合反粒子的「操作定義」：電荷相反，與粒子相互湮滅。但「我們」及周遭所有的物質，其主要質量是在原子核裡，也就是質子與中子裡。反質子與反中子存在嗎？它們是否也與質子、中子（不帶電！）相互湮滅？在我們每一個人的經驗裡，無論居家還是上街，我們從來不用擔心湮滅釋放的巨大能量，所以，看來我們周遭並沒有反質子與反中子的存

正子造影

PET　是「正電子發射斷層掃描」的縮寫，它利用精確測量正負電子對湮滅所產生的背對背光子而重建發射點，藉電腦運算與統計處理，可診斷出小至 1 mm 的腫瘤。目前在醫療使用的 PET-CT 是利用癌症腫瘤細胞的好糖性，用可輻射正子的放射性氟-18 同位素做成氟代脫氧葡萄糖 FDG，注射至人體內，藉血液循環至全身，FDG 會向好糖的器官或部位（譬如大腦或發炎的傷口，或是腫瘤細胞）集中。F-18 衰變輻射的正電子與就近的電子湮滅所產生的光子藉 PET 收集掃描、分析重建而達成 3D 成像，幫助醫生診斷。當然它也有其他各種的應用，但在一般醫院多半用在腫瘤醫學。氟-18 的半衰期不到兩個小時，因此需在醫院附近藉回旋加速器來製造，再在一可處理放射材料的化學實驗室快速製成 FDG，再將其快速移至 PET 中心，是一個相對昂貴的醫療診斷方法。

正子輻射的正名是 β^+ 衰變，是居禮夫人的女兒與女婿邵理歐－居禮夫婦於 1934 年發現的，獲得 1935 年諾貝爾化學獎。迴旋加速器的原理是羅倫斯（Ernest Lawrence）所發現的，獲得 1939 年諾貝爾物理獎。若再加上狄拉克與安德森所分別獲得的諾貝爾獎，再思考這些人沒有一個事先為將來可能的應用做設想——這就是基礎研究的真實意義。

在。但我們也不能想當然爾，反質子與反中子存在與否乃是要經過實證。萬一老天爺對待質子與中子有別於電子呢？事實上，質子與中子的磁性並不符合狄拉克方程式的預測，因此確實與電子有一點不同。然而，質子比電子重近二千倍，要藉宇宙線看到反質子比反電子困難得多，而1930年代的加速器技術正在起步，要提供這樣大的能量的時候還未到。

二次世界大戰大大提升了人類工藝技術的層次，人們不但開始掌握原子核，且因原子彈的成功，物理學家在兩大超極強國美蘇競賽下得到極度重視與禮遇。在1930年代發明了迴旋加速器原理、並因此獲得1939年諾貝爾物理獎的羅倫斯（Ernest Lawrence, 1901-1958），因曼哈頓計畫的參與，得到政府的財力支持，在1948年通過在加州柏克萊興建所謂的Bevatron（B是billion亦即十億的意思，也就是以10億電子伏特為能量單位的質子加速器；如今慣用的是從Giga而來的G），可加速質子到6 GeV。

這個六十億電子伏特的數字是怎麼來的呢？我們不做深入計算，只略予敘述。當時已知要像反電子一般在宇宙線中尋找反質子太困難，而要藉人造加速器。以高能質子撞擊質子或中子，產生反質子的同時，必然成對產生另一質子或中子，因此必須提供約2 GeV的質心能量。但質子高速撞擊靶中靜止的質子，敲出來的系統必須帶著質心運動的動能，因此略微計算之下，質子要加速到約6 GeV才能跨越產生反質子的門檻。Bevatron的方案就是這樣提出來的，而且壓倒了當時隔著美洲大陸在紐約長島布魯克海

文實驗室通過興建的 3 GeV Cosmotron，可見羅倫斯的影響力。

Bevatron 自 1948 年開始興建，中間經過一些躭延，於 1954 年開始運轉，1955 年就發現了反質子，可說十分成功，除了加速器外，其中用到了奈秒（nanosecond）精確度的電子學以及所謂契倫可夫輻射鑑別器的裝置（契倫可夫輻射的發現與理論解釋獲得 1958 年諾貝爾獎）。發現反質子的論文由四人署名，但 1959 年的諾貝爾獎只頒給了瑟葛瑞（Emilio Segrè, 1905-1989）及張伯倫（Owen Chamberlain, 1920-2006）。不過，這兩人分別是在費米的指導下獲得羅馬大學及芝加哥大學的博士學位。瑟葛瑞在義大利時追隨費米做研究，因為自己是猶太人的緣故，與費米類似，在 1938 年訪問柏克萊時因墨索里尼上臺而未返國。在反質子發現的實驗之後不久，反中子也在 Bevatron 藉照相乳膠發現。基本上，反質子或反中子與質子或中子湮滅成約五顆π介子，這在瑟葛瑞與張伯倫獲獎之前便已清楚了。羅倫斯則在兩人獲獎前一年去世。

你也許問為什麼反質子與質子湮滅成約五顆而不是二顆 π 介子，甚或不是兩顆光子。正負電子湮滅成兩顆光子乃是因為沒有其他粒子比光子更輕了，而湮滅到兩顆微中子或兩顆「引力子」（萬有引力的傳遞粒子）則反應進行的太慢了，也就是弱作用與重力作用比電磁作用力弱太多了。但反質子與質子則感受到強作用力，而 π 介子是強作用的媒介粒子。反質子與質子是可以湮滅成兩顆光子（但反質子與中子，或反中子與中子就不行），但這個反應比

輻射 π 介子慢得多。事實上，π 介子像是從一個高溫的「強作用火球」輻射而出，輻射出的 π 介子數目與火球溫度相關，費米在反質子發現前便以統計模型加以討論了。

　　總而言之，雖然質子與中子是具有大小結構的強作用粒子，反質子與反中子的發現確立了自狄拉克與安德森發現反電子以來，粒子必有對應的反粒子的相對論性量子場的特性。粒子到反粒子（或反之）的變換叫做 charge conjugation，簡稱 C。

宇宙 反物質 消失之謎

　　讓我們再來想一想一開始的人與反人握手湮滅圖像：握手乃是和平，卻相互飛灰湮滅！？在這險惡的宇宙行事還真是要小心呢。我們日常生活與行事，沒有湮滅的情事，這是每個人長久的經驗。以現在全球交通的發達，我們知道全地球都是物質組成。我們看到太陽發光以 pp 鏈為主要能源而不是爆發式的湮滅，感受到的太陽風主要是質子構成；派太空船登月、登陸火星、探測外行星甚至登陸外行星的衛星，確知太陽系是物質組成。而如果離太陽不遠處有反星球，我們預期在它與太陽之間，將有反物質轉變成物質的混合地帶，這樣的地帶將可看到反物質湮滅所放的光。在我們銀河的尺度，我們確實看到正子雲的存在，但它的成因乃是來自銀河核心的 γ 射線，不是真有反物質區塊的存在。依此類推，物理學家不認為宇宙存在反

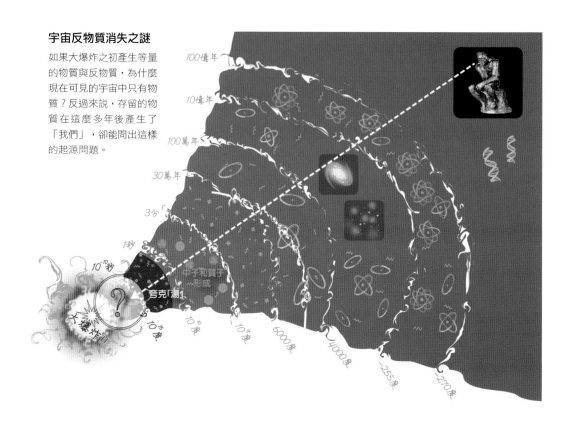

宇宙反物質消失之謎

如果大爆炸之初產生等量的物質與反物質，為什麼現在可見的宇宙中只有物質？反過來說，存留的物質在這麼多年後產生了「我們」，卻能問出這樣的起源問題。

100億年
10億年
100萬年
30萬年
3分
1秒
10^{-10}秒
中子和質子形成
夸克「湯」
大爆炸!!!
10^{-15}秒
10^{-10}秒
10^{-9}秒
6000度
4000度
-255度
-270度

物質區域。然而，狄拉克在他 1933 年的諾貝爾演講中提到了「反世界」：「有些星球很可能是倒過來，主要是由正電子與負質子組成。事實上，或許有一半的星球是這樣的，以現有的天文物裡方法，是無法加以區分的。」的確，當時的天文觀測還不完全，人類的視野才剛跨出銀河系，開始看到銀河之外的眾多星系在高速遠離中……。丁肇中先生自 1990 年代起集鉅資打造的 AMS 太空實驗，原本的標語也是「發現一顆反氦原子核就證明宇宙有反物質，發現一顆反碳原子核就證明宇宙有反星系」。但目前

AMS 實驗並沒有看到這些，反倒是在檢驗過多的高能正子，是否來自「暗物質」的湮滅。

　　根據狄拉克的量子電動力學方程式以及後續的其他動力學方程式，宇宙起初的大爆炸應是產生了等量的物質與反物質。可是就在一瞬間之後、約 10^{-10} 秒或更短，宇宙的反物質都不見了，只有物質留存下來。這是為什麼呢？宇宙的反物質為什麼會消失呢？

　　在引言中我們問「反物質哪裡去了？」，那時讀者一定摸不著頭腦。但沿著科學家研究反物質的過程一路讀下來，這裡我們再問一次「反物質為什麼消失？」，我們腦筋一轉，就可認識到，這個認知過程本身非常不簡單：因為我們前幾章所述的宇宙發展，存留下來的渾沌物質隔了一些時日才從夸克湯「水過無痕」地凝結出質子、中子，再形成氦原子核，再形成星星與原子，再製造出較重元素並藉超新星爆炸散播出來，再有我們的太陽系的形成，再有地球生命的出現；過了許久、也就是一直到最近才出現人類，人類出現後又直到近三百年才有科學的突飛猛進，又直到近百年前人類才認知有**反物質**的存在……妙哉，人類「心中的眼睛」，在認知了自己及自己所處的環境之後，可以將眼光一直拉回到宇宙的最起頭，探問：「我為什麼會在這裡？」「我是怎麼來的？」「宇宙反物質是怎麼消失的？」

　　這一切，都濃縮到了羅丹的沉思者，The Thinker，雕像裡。

宇稱不守恆到 CP 破壞

　　羅丹的沉思者，既是人類整體、也是單獨個體的集合。人類的知識與理解藉思考與動手探詢而擴展。

　　「CP 破壞」裡的 C 便是在前面已經介紹的將粒子變成反粒子、把反粒子變成粒子的變換，在相對論性量子場論裡可以用數學語言表示出來。P 則更熟悉了：它是李政道與楊振寧先生所探討的宇稱不守恆中的「宇稱」。宇稱變換乃是將「空間反號」，亦即將三維空間對原點做鏡射，也就是將座標軸都變個號。這個變換等價於 x → −x 的鏡射，再沿 x 軸旋轉 180 度，前者基本上就是鏡像，亦即 x → −x 的鏡射是鏡子裡的影像世界。從這裡我們也看到宇稱變換將右手性座標系轉換成左手性的。

　　宇稱的概念在非相對論性量子力學如原子系統中已見

吳健雄基金會成立歷史性照片

1995 年的照片中由左而右分別是李遠哲、李政道、丁肇中、楊振寧四位諾貝爾獎得主，以及前面中間的吳健雄與袁家騮伉儷。
（圖片來源：http://www.wcs.org.tw/）

功用，譬如原子光譜藉電磁輻射的「選擇規則」來解釋，一大重點便是電子的躍遷（輻射出光子）只發生在宇稱不同的能階之間。如果宇稱變換是 P，則兩次的宇稱變換必將系統還原，即 $P^2 = 1$。因此原子的電子組態在宇稱變換之下只能是變號或不變號，前者的宇稱為「−」，後者宇稱為「+」（即 −1 與 +1，兩者均滿足平方為 1）。因此輻射的躍遷發生在宇稱為 + 到 −，或 − 到 + 的能階之間。薛丁格方程式與麥克斯威爾電動力學成功解釋原子系統的能階與光譜，使宇稱守恆像不證自明的公理一般深植人們的腦海。這個不變性、亦即守恆律，在湯川理論帶領人們瞭解強作用之後，核子物理以致於後來粒子物理的發現，也都顯示在強作用之下宇稱是守恆的。其實這一句話並不能貼切的描述物理學家的心態。如前述，物理學家經歷了理解原子物理、附帶解釋了化學的勝利，擴展到原子核物理以致衍生的粒子物理，宇稱守恆就像一個保障一般，根深蒂固、顛撲不破，當然永遠是對的了。

但在弱作用，宇稱守恆露出了破綻，這個破綻被初生之犢的華人物理學家抓到、並解決了。

我們在上面放的一張 1995 年吳健雄學術基金會成立的歷史性照片裡，囊括了當時的華人諾貝爾獎得主：李遠哲、李政道、丁肇中、楊振寧，以及中間的吳健雄與袁家騮伉儷，但後面這兩位並未獲得諾貝爾獎，吳健雄則在拍照兩年後於 1997 年過世。以吳健雄的貢獻，未與李政道、楊振寧共同穫得 1957 年第一次的華人諾貝爾獎，是一樁講不完的公案。

隨著加速器的蓬勃發展與新粒子不斷的發現，1950 年代中期出現了所謂的 θ-τ 問題。自 1940 年代後期藉宇宙線發現的各種「V 粒子」，到 1950 年代中期輪廓漸趨明朗。但有兩顆分別命名為 θ 與 τ（不能與後來命名的 τ 輕子混淆）的 V 粒子，使人十分困擾：它們的質量、「寬度」（即衰變率，或生命期的倒數）、自旋等性質都一樣，但 θ 衰變到二顆 π 介子，τ 衰變到三顆 π 介子，因此前者的宇稱是「＋」，而後者則為「－」，因為單顆 π 介子的宇稱是「－」。究竟怎麼回事呢？李政道與楊振寧一同探討這個問題，最後在 1956 年的論文中提問：這兩顆粒子都是經由弱作用衰變到 π 介子；雖然宇稱在電磁作用與強作用的守恆十分真確，但新的 V 粒子弱衰變的探討仍在新鮮的階段，甚至弱作用整體都是最神秘的——宇稱守恆的問題其實在弱作用的範疇並沒有被仔細檢驗過！？若宇稱在弱作用並不守恆，那麼 θ 與 τ 作為同一顆粒子就沒有妨礙了。大哉問之餘，兩人提出數種實驗檢驗宇稱在弱作用是否守恆的方法。他們的論文在 6 月投出，於 10 月發表。

楊振寧（1922 年生）與李政道（1926 年生）兩位先生先後到抗戰時期在雲南昆明的西南聯大師從吳大猷先生，再出國到芝加哥大學師從費米，但先到的楊振寧在嘗試實驗物理後，在美國氫彈之父泰勒名下完成博士學位。因為這樣親密有若師兄弟的關係，兩人有極佳的合作，到 1956 年兩人分別在普林斯頓與哥倫比亞任職時更是如此。

李政道與楊振寧提出數種檢驗宇稱在弱作用是否守恆的實驗方法，雖經到處宣傳，卻並沒有得到太大的迴響。

但他們所提的方法之一是偏極化的 β 衰變。吳健雄是李政道在哥倫比亞的同事，是知名實驗核子物理學家，曾參與過曼哈頓計畫[1]。因她是 β 衰變專家又同為華裔的同事，李政道說服了吳健雄，著手進行有名的鈷 60 實驗。這個實驗，必須將鈷 60 放射源降到極低溫以消除熱噪動，並放在強磁場中以將 Co-60 偏極化，亦即將其自旋與磁場平行。為此，在聯絡了低溫物理專家之後，吳健雄於 1956 年底將實驗裝置帶到位於馬里蘭州的美國中央標準局進行。基本上，磁偏極化的 Co-60 其磁極在宇稱變換之下不變，但宇稱若不守恆，則 β 衰變輻射出的電子將在 Co-60 偏極或自旋的正、反方向上不對稱的分布。吳健雄實驗觀察到的果然如此：β 衰變的電子傾向自 Co-60 自旋的反方向射出，所以宇稱在弱作用果然不守恆。

當吳健雄在中央標準局進行的實驗近尾聲、最後檢驗數據時，吳健雄告知李政道與楊振寧實驗的結果，但請他們暫時不要對外揭露，因為結果還需要最後檢驗。但李政道在 1957 年 1 月初告訴了一些哥倫比亞同事，其中的伽爾文（Richard Garwin, 1928 年生；他也在 IBM 任職）、我們已提到多次的雷德曼以及另一位同事立即著手修改手邊的一個迴旋加速器實驗，幾乎立即就驗證了宇稱不守恆。他們檢驗的是 $\pi \to \mu \to e$ 的衰變鏈，也是李與楊所建議的：若宇稱在弱作用果真不守恆，則自 π 介子衰變而出的 μ 子

---

[1] 吳健雄恐怕是參加曼哈頓計畫唯一的華人，當時她還未入籍美國。

將是偏極化的，因此 μ 子衰變產生的電子分布將在 μ 子偏極或自旋方向上不對稱，與偏極化 Co-60 的 β 衰變一樣。難怪他們不用低溫，只要將現有的 π 介子實驗變通一下就做出來了。然而他們很君子的等吳團隊將論文寫完後在同一天，也就是 1957 年 1 月 15 日，將論文投遞出去，論文中坦承事前獲知吳團隊的結果。因此吳團隊的論文登載在前面，而後續很快的便有其他人的驗證。

天塌了：原本想當然爾一定守恆的宇稱，竟然在弱作用中不守恆!?套用大師鮑立的話，「我實在難以相信上帝是個（軟）弱左撇子！」（"I cannot believe God is a weak lefthander!"）但實驗已然宣告了，事實就是這樣，不容狡辯（鮑立也在 1958 年過世）。因此李政道與楊振寧在 1957 年當年就榮獲諾貝爾獎，李政道是歷來獲得物理獎第二年輕的，而他們倆也是首先獲得諾貝爾獎的華人，只比日本人晚八年。那時兩人都還手持中華民國護照！

但為什麼吳健雄沒有一同得獎呢？眾說紛紜。實驗的確都是由李與楊建議的。或許是雷德曼三人手腳太俐落了，搶了鈷 60 實驗的鋒頭，雖然他們承認事先獲知鈷 60 的實驗結果。或許是吳健雄在論文中排名第一而沒有照姓氏的字母序，得罪了中央標準局一邊（甚至背後）的人……。總而言之，多少脫離不了一定的性別歧視，因為即使不是華人，女性被咸認該得諾貝爾獎而未得的也所在多有。

若是華人首次得獎，三人中有一人是女性，將是美談。而且若是如此，吳健雄說不定還可成為「現實版宇稱[1]

1　宇稱的英文，Parity，有平起平坐或對等的意思。

不守恆」——李、楊決裂——時斡旋雙方的和平締造者，就像 1995 年的照片所顯示的一樣。

在實驗證明宇稱在弱作用中不守恆之後，粒子物理學家十分惶恐，急著找「救生圈」來自我安慰。吳建雄及雷德曼等人發現的，不但是 P 百分之百不守恆，C 也是百分之百不守恆。到 1958 年由蕭蔓與葛曼提出的所謂 V−A 理論，基本上宣稱只有左手性的微中子存在，且只有左手性的費米子參與弱作用。這就好像照一般的鏡子：左手性的微中子跑去看鏡子時，發現鏡子裡沒有影像（「鬼無影像」）。同樣的，若有一面鏡子將 C 類比於 P 的話，也就是說鏡像是反粒子，則左手性的微中子也沒有左手性的反粒子！然而，救生圈找到了：若有一面鏡子，是將左手性的粒子反照到右手性的反粒子，亦即 CP 的鏡像，那麼好像就可心想事成了。換句話說，在做一般的左右交換的鏡像時，若再把粒子變成反粒子，如此的變換在弱作用中是守恆的。更生動的說，左手性的微中子跑去照「CP」的鏡子時，就照出影像了。這個 CP 鏡像的想法，經初步實驗驗證是成立的，因此粒子物理學家略感安慰：雖然 C 與 P 皆 100%不守恆，亦即破壞了，但其乘積CP乃是守恆的。謝天謝地感謝主，我們仍有一個守恆律的存在。就像愛因斯坦所說：「主 [1] 是奧妙的，但祂不懷惡意。」（"Subtle is the Lord, but malicious He is not."）祂拿走了 P 守恆，卻

---

[1] 在這裡「主」可看做大自然的擬人化，就像我們用的「老天爺」。

也同時拿走了 C 守恆，但合在一起，看來 CP 仍是守恆的。弱作用在 CP 的鏡子中是守恆的！

　　可惜好景不長，這個中文稱為電荷‧宇稱守恆的 CP 對稱性，在 1964 年被實驗發現「鏡子有裂縫」：CP 在中性 K 介子的衰變中，有千分之二的不對稱。

　　在 θ-τ 問題因宇稱不守恆的發現而成功解決之後，兩顆最輕而帶奇異數 S = ± 1 的帶電強子（即原本的 θ 與 τ），與質量類似的兩顆 S = ± 1 中性強子，一同被稱為 K 介子：S = +1 的 K^+、K^0 和 S = −1 的 K^-、反 K^0。宇稱 100% 不守恆了，但 CP 對稱性容許將 K^0 和反 K^0 做線性組合，在 CP 變換下為正的中性 K 介子衰變到二顆 π 介子，為負的則衰變到三顆 π 介子。後者因為有三個終態粒子來瓜分 K 介子的質能，又恰巧 K 介子的質量（約 500 MeV/c^2）比三顆 π 介子的質量（約 140 MeV/c^2 的三倍）沒有大上多少，因此其衰變率比衰變到二顆 π 介子的中性 K 介子低許多，也就是生命期長許多。事實上長命的中性 K 介子正是在宇稱被證明不守恆前在布魯克海文實驗室的 Cosmotron 發現的。

　　到 1960 年代 Cosmotron 被 AGS 質子同步加速器取代，也就是丁肇中後來用以發現新粒子的機器。1964 年，普林斯頓大學的費奇（Val Fitch, 1923 年生）與克柔寧（James Cronin, 1931 年生）及兩名合作者用 AGS 的高能質子束撞擊產生中性 K 介子束。他們再利用長、短命中性 K 介子生命期差異極大的性質，在下游夠遠的地方、只剩長命中性 K 介子存活，用來研究長命中性 K 介子與物質作用後的一

些奇特性質。但因為可達到新的實驗精確度，他們也檢驗是否有所謂的 CP 不對稱，或 CP 破壞的現象。在沒有預期的情況下，他們發現每千顆的長命中性 K 介子，約有兩顆會衰變成二顆而不是三顆 π 介子。但二顆 π 介子的 CP 為正，因此證明 CP 對稱性在中性 K 介子的弱衰變中有千分之二的不守恆！天再度塌了，而且比 P 與 C 的百分之百不守恆更令人費解：CP 在弱作用中不守恆，但其破壞卻只有那麼一丁點。老天在開什麼玩笑？因這個實驗發現，克柔寧與費奇榮獲 1980 年諾貝爾獎。

沙卡洛夫觀點

我們可以引入沉思者沙卡洛夫的洞察了。

1964 年 CP 破壞的實驗發現，深具震撼力。物理學家對時空對稱性所堅持的最後堡壘陷落了，而且尷尬的是，這個「瑕疵」只有小小的千分之二。難怪人們之前會誤以

НАРУШЕНИЕ CP-ИНВАРИАНТНОСТИ, C-АСИММЕТРИЯ
И БАРИОННАЯ АСИММЕТРИЯ ВСЕЛЕННОЙ

А.Д.Сахаров

Теория расширяющейся Вселенной, предполагающая сверхплотное начальное состояние вещества, по-видимому, исключает возможность макроскопического разделения вещества и антивещества; поэтому следует

從大久保效應
在高溫下
為宇宙縫製了一件外套
來符合它傾斜的形狀

沙卡洛夫手寫眉批
沙卡洛夫俄文論文原始稿件上，手寫了一段富有詩意又十分精闢的眉批。

（圖片來源：https://www.aip.org/history/sakharov/cosmresp.htm）

為 CP 在自然界是絕對守恆了。但讓我們想一想，完全的對稱，在藝術上常常顯得僵硬而不夠美，也常欠缺真實的生命感。莫非上天在這裡藏了甚麼謎語？從這裡入手做另類思考，蘇聯的氫彈之父沙卡洛夫（Andrei Sakharov, 1921-1989）提出了驚人的洞察，有若替人類在惶恐中反敗為勝，找到了「上主的安排」。他在 1967 年提出相當清明簡潔的論文，其俄文的原始稿件加上眉批如附圖所示。文章的名稱，翻出來是「CP 對稱性破壞，C 不對稱，及宇宙重子不對稱」，而手寫的眉批或雋語，翻出來則是

從大久保效應
在高溫下
為宇宙縫製了一件外套
來符合它傾斜的形狀

沙卡洛夫顯然知道 CP 破壞的實驗發現，但在論文中他提到的是美籍日人大久保進（Susumu Okubo, 1930 年生）在 1958 年最早的理論建議，因此第一行指的是 CP 破壞。而高溫則指的是宇宙大爆炸初始的暴烈渾沌狀態，顯然受了 1965 年所發現的 3 °K 宇宙背景輻射的影響[1]。第三與第四句，則以隱喻的方式，點到宇宙只見物質而不見反物質（傾斜的形狀），而所「縫製的外套」，則是他本人

---

[1] 確實講，應稱 3K 背景輻射，而不是 3°K，因為 K 是絕對溫度，而 3K 對應到零下 273°C。但這裡我們用「3°K」與一般直觀對溫度的感覺比較接近。

在標題中點出的大膽假設：重子數不守恆。讓我們來消化一下吧。

　　沙卡洛夫是一位奇才，二次大戰後在蘇聯諾貝爾獎得主譚姆（Igor Tamm, 1895-1971，因契倫可夫效應的理論解釋獲 1958 年諾貝爾獎）名下獲博士學位，不久便與譚姆一同被徵召參與蘇聯的核子彈研究，因貢獻卓著而有蘇聯氫彈之父的名聲。因著美英蘇有限禁止核試協議於 1963 年的簽訂，舒緩了蘇聯核子彈研究的壓力，1965 年左右沙卡洛夫恢復從事一些基礎科學研究，這一篇論文便是其中之一。CP 破壞在 1964 年的實驗發現我們已討論過了，而 1965 年 3 °K 宇宙背景輻射的發現，則比 CP 破壞的發現更屬意外，確立了宇宙藉大爆炸產生為宇宙起源的主流學說，發現者賓紀亞斯與威爾遜則獲 1978 年諾貝爾獎。所以，沙卡洛夫在主導蘇聯核子武器研發十九年之後的空檔，吸收了當時這兩大發現，提出他的大哉問：「宇宙反物質哪裡去了？」，再提出他的猜想，就是有名的沙卡洛夫三條件。這三個條件，不但融合了 CP 破壞與宇宙以極高溫的大爆炸方式產生兩大資訊，而他所猜想的重子數應當不守恆——簡單的說就是質子會衰變——領先學界想法近十年。

CP 破壞、宇宙物質當道與你

　　不能怪人類（包括你）長久以來無法問出「宇宙反物

質哪裡去了？」這樣的問題，因為放眼宇宙，只見物質。而對反物質的認知，也是因為人類在廿世紀認知了相對論與量子力學，並將其結合起來以審視宇宙。但既使認識了反物質，若問「宇宙反物質哪裡去了？」，長久以來似乎只能訴諸「起始條件」：宇宙在產生之初的設定便是如此，因為在全宇宙的尺度，只見物質而不見反物質，但物理定律卻對等的對待物質與反物質，這個不對稱性太大了。而訴諸起始條件，則好似「上帝」的決定，這樣的看法始終令物理學家不滿意。你甚至於可以說，這樣的上帝，雖滿有權柄，卻好像有一點「笨」，太不奧妙了。

事實上，沙卡洛夫的想法提出來後約十年，並沒有太大的迴響，而是在其後十年隨規範場論的發展到了大統一場論架構時，知道質子的確原則上可衰變，而且有其他的人發現了類似沙卡洛夫的想法，驀然回首，人們才發現這些想法沙卡洛夫早在十年前規範場論還不完備時就已經提出了。

讓我們用戲劇性的手法來看一看沙卡洛夫的想法吧。我們將宇宙大爆炸最起初的階段圖示出來。根據已知動力學，假設宇宙沒有什麼特殊起始條件的設定，則初始大爆

宇宙物質產生與存留

宇宙大爆炸最初的階段圖示，圖中藍色的點代表物質，粉紅的點代表反物質。當初有約十億分之一的反粒子「變節」因而逃過湮滅，經過漫長時間的宇宙演進而形成「人的溫床」，終而出現人類。The Thinker——沙卡洛夫做為人類的代表——洞察到這一切！（圖片來源：http://wisdomquarterly.blogspot.tw/2011/06/elusive-antimatter-trapped-in-lab.html）

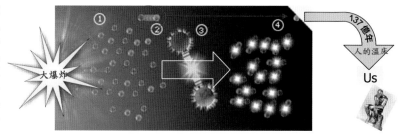

炸應產生了等量的物質與反物質，如圖中第一階段等量的粉紅與藍色粒子所示。這時，沙卡洛夫說：

- 重子數不守恆
- CP 破壞（及 C 破壞）
- 偏離熱平衡

若這三個條件充分滿足，則在宇宙熾熱的起初，有那麼一顆粉紅粒子變節為藍色粒子，亦即反粒子變成了粒子，如圖中第二階段所示。隨著大爆炸之後因膨脹而降溫，但密度仍高，因物質與反物質相互湮滅的定律，一對對反粒子與粒子捉對湮滅，如圖中第三階段所示。這些相互湮滅的粒子－反粒子對，基本上把能量轉給了宇宙背景輻射，但因宇宙膨脹降溫，無法再回歸原來的粒子－反粒子對。然而，那一小部分變節成粒子的原初反粒子，因找不到反粒子來湮滅，便存留下來，成為我們的「祖先」，如圖中第四階段所示。這四個階段在宇宙最初的階段很快發生，但要產生「人類的溫床」地球，則是過了許多年，而等到人類被打造出來，則是過了 137 億年！根據當初沙卡洛夫的推算，我們要解釋現今只有物質而沒有反物質，其實是要解釋在宇宙很早期，也就是圖中的第二階段，每 10 億顆反粒子只要一顆變節為粒子就可以了。也就是說只有 10^{-9} 的原始物質存留，就與我們所觀測到的物質符合。為什麼呢？因為從熾熱的起初降溫到現在的 2.7 °K 宇宙背景輻射，當時湮滅產生的極大量光子主要都已在微波的頻率範圍。約 10^{-9} 的數字叫做**宇宙重子不對稱性**（Baryon

Asymmetry of the Universe，簡稱 BAU）。

　　本書剩下來的主題便是要來探討：夸克的存在與性質能夠解釋宇宙物質的起源，也就是反物質的消失嗎？BAU 這個數字可否用已知的物理學來解釋？附帶一題：偉大的沙卡洛夫得過諾貝爾獎，但卻是 1975 年的和平獎！

蘇聯－俄羅斯的氫彈之父卻得諾貝爾和平獎，還真是奇談。然而沙卡洛夫確實實至名歸。沙卡洛夫通曉事物，深邃又務實，但他的靈魂卻藉超凡的核武研究被提煉達到純淨。沙卡洛夫說他從事高度緊張而秘密的核武研究 20 年，和很多蘇聯知識份子一樣有著建立全球軍事平衡的使命感，也被它的挑戰所吸引。為此，他享受極佳的待遇，也獲得蘇聯多項獎章與榮譽，並在三十二歲便成為蘇聯科學院院士。但他的觀念與看法漸漸產生了很大的轉變。因為他主導熱核武器研發並執行試爆的緣故，有若當年的歐本海默一般，讓他對這樣的活動所附帶的道德責任有了深切的體認。所以，他自 1950 年代晚期便倡導對核子武器測試的限制，與當局開始起衝突。他之所以留在核武開發之領導地位，部分是為了發揮他的良性影響力，而 1963 年的有限禁止核試協議，他是提倡者之一。自此而後，他的視野與關懷面提升到涵蓋環保與人權，直到他在 1968 年先以蘇聯異議份子地下文件 samizdat 方式傳布、後於美國紐約時報以英文發表的「進步、共存與思想自由的反思」一文，觸怒了蘇聯當局。他被禁止參與秘密工作，也被剝奪了很多的權益。這些在他獲得 1975 年和平獎之後加劇，直到他在 1980 年被拔除一切因他的服務與貢獻而獲得的蘇聯獎章與榮譽，放逐到高爾基軟禁。直到 1986 年，他得到戈巴契夫親自的允許返回莫斯科，於 1989 年心臟病發逝世。
沙卡洛夫的一生，不但是代表人類探索的沉思者，他還將層次提升，成為道德層面的沉思者。這雖然不是本書主題，但這樣的偉人——彰顯了人類另一驚人屬性——值得尊敬！

伍、四代夸克「通天」

　　宇宙反物質到哪裡去了？沙卡洛夫的三個基本條件，重子數不守恆、CP破壞及偏離熱平衡，作為必要條件，粒子物理標準模型均滿足。也就是說，這三個條件在標準模型裡都可以發生，說起來其實還蠻神奇的。但若要滿足充分條件，則重子數不守恆十分神奇的反而不成問題，但已知的三代夸克 CP 破壞卻遠遠不足，而電弱對稱性自發破

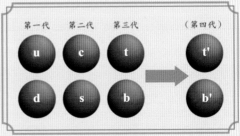

壞的相變化似乎又太弱了，並非所需要的一階相變。究竟是我們已知的物理學離解釋宇宙反物質消失之謎還太遙遠，還是標準模型其實已提供我們解開這個大謎題的一切要件？在本章我們將介紹小林－益川三代夸克 CP 破壞的實驗驗證。在解釋了三代 CP 破壞遠遠不足之後，我們進一步簡單解釋，若將已知的三代夸克推廣到第四代，則應可提供滿足沙卡洛夫的 CP 破壞條件！因此四代夸克似乎「通天」。在下一章，我們則要討論極重四代夸克的存在，它本身便可能是另一大議題、電弱對稱性破壞的源頭。

B 介子工廠與三代夸克 CP 破壞的驗證

　　我們在第三章已經介紹了小林誠與益川敏英探討 CP 破壞之源，在連第四顆夸克都還未確定的 1972 年就提出了六顆夸克的論述，因而與南部陽一郎同獲 2008 年諾貝爾獎。其實，在當時的日本研究 CP 破壞如何在弱作用中出現，他們有兩個優勢。一方面他們兩人都出自名古屋大學坂田昌一的門下，因名古屋學派的緣故，對存在三顆以上夸克的可能性是十分接納的。另外，名古屋大學的實驗家丹生潔（Kiyoshi Niu，生於 1925 年）在 1971 年藉高空氣球照相乳膠實驗，找到質量有好幾 GeV/c^2 的新粒子徵兆，促使數群日本學者（包括小林）探討四顆夸克的可能物理。可惜沒有人預測出類似後來 J/ψ 介子的特性。小林則在 1972 年春獲名古屋大學博士學位後，於 4 月赴京都大學任助手（類似助理教授）職，益川比他早兩年已在那裡。因為當時非阿式規範場論的可重整性已被證明，人們對所謂的葛拉曉－溫伯格－薩蘭姆電弱統一場論越來越重視，然而 1964 年實驗發現的CP破壞現象仍沒有得到完整的解釋。小林與益川決定在電弱場論架構下探討 CP 破壞。他們原本鎖定四顆夸克的架構，但所有的相位角都可藉調整夸克的相角自由度而吸收，無法得到可參與物理過程的CP破壞相角。看來要解釋 CP 破壞，在自然界要有新粒子的存在。他們探討了各種增添新粒子的可能，但有一天靈機

一動（據益川說，是有一晚他自澡盆站起來的時候），注意到若將四顆夸克增加到六顆，則有唯一的 CP 破壞相角出現。

三代夸克 CP 破壞只是小林與益川提出的數種可能中的一種，因此並沒有馬上被重視，既使在發現 J/ψ 介子以致四顆夸克確定存在之後仍然如此。但隨著 1975 年 τ 輕子的發現，預期還會有伴隨的微中子，因此可能有對應的另兩顆夸克，有人開始認真討論三代夸克的 CP 破壞。到了 1977 年 ϒ 及相關系列介子的發現確立第五顆 b 夸克存在之後，很快的三代共六顆夸克被接受為「事實」。如我們在第三章描述的，自 1970 年代末期起，一個接一個的大型正負電子對撞機，都以發現第六顆頂夸克 t 為目標。然而頂夸克卻遲遲到 1995 年才在費米實驗室的 Tevatron 質子對撞機發現。它比 b 夸克重了四十倍，完全超乎人們的預期。

三代夸克的確立，雖然大大提升了人們的興趣，但並不保證CP破壞來自小林－益川機制。譬如在 1964 年實驗發現CP破壞之後，伍爾奮斯坦（Lincoln Wolfenstein, 1923 年生）隨即針對 K 介子系統提出所謂的「超弱模型」，如果是對的話，那麼在任何其他系統都不會再看到 CP 破壞了。這是因為 CP 破壞參數「超弱」，能在 K^0 介子系統顯現乃是因緣際會的巧合。因此自 1970 年代後期起，實驗家開始關切所謂的 K 介子「直接」CP 破壞的測量；費奇與克柔寧所發現的 CP 破壞，可以用發生在 K^0 與反 K^0 介子**混合**的效應來解釋，而不是發生在**衰變**過程中，因此被稱為「間接」CP 破壞。若偵測到直接發生在 K 介子衰變過

程中的 CP 破壞，就可否證伍爾分斯坦的超弱模型。三代夸克的標準模型，亦即 CP 破壞來自小林－益川的機制，預測了蠻大的 K 介子直接 CP 破壞，導致大西洋兩岸各組團隊積極進行實驗。然而在 b 夸克發現後的 1970 年代末期，人們並沒有預期頂夸克會比 b 夸克重非常多。到了 1980 年代後半段，一方面一連串的正負電子對撞機都沒有找到頂夸克，另一方面所謂 B^0 與反 B^0 介子混合現象的實驗發現，讓人們了解到頂夸克十分的重。在重新審視之下，很重的頂夸克將使 K 介子直接 CP 破壞變小一個數量級，使實驗的偵測變得困難許多，一直到 1999 年才底定。但另一條脈絡的發展，卻已更領風騷，就是所謂的「B 介子工廠」的發展，能夠直接測量到小林－益川的三代夸克 CP 破壞相角！

　　b 夸克藉 ϒ 介子的發現確立不久之後，帶有單顆反 b 夸克的 B^+ 及 B^0 介子很快就發現了。幸運的是，在康乃爾

1　因為對 K 介子直接 CP 破壞的物理解釋牽涉到複雜的強作用，因此實驗家執著的測量刺激了量子色動力學場論學家與電腦模擬計算結合，發展出了所謂「晶格場論」對弱作用物理過程的應用。

與德國 DESY 實驗室分別有中心能量在 10 GeV 左右的正負電子對撞機 CESR 與 DORIS II。這個能量在所謂的 Υ(4S) 介子質量附近，適合藉 $e^+e^- \rightarrow$ Υ(4S)$\rightarrow$ B + 反 B 介子的過程研究 B 介子的性質，亦即每產生一顆 Υ(4S) 介子，便可研究一對 B 介子的衰變。到 1980 年代初，史丹福 PEP 正負電子對撞機的實驗發現了 b 夸克衰變到 c 夸克比從 K 介子推演所預期的慢了約二十多倍，而康乃爾的 CLEO 實驗則發現 b 夸克衰變到 u 夸克慢更多！B 介子生命期拉長的結果，使人們對稀有 B 介子衰變開始感到興趣。到了 1987 年，與 CLEO 競爭的德國 ARGUS 實驗發現了比預想大甚多的所謂 B^0 與反 B^0 介子混合現象，混合係數與 K 介子系統不相上下，旋即為 CLEO 證實。因為混合係數正比於頂夸克質量的平方，這個實驗發現預告了 t 夸克比 b 夸克重許多。而大的 B^0 介子混合，則大大提升了人們在 B 介子系統探討 CP 破壞的興趣，因為物理學家現在可以直搗核心：檢驗小林－益川機制，量測小林－益川CP破壞相角。

早在 1979 年，當人們對 B^0 介子混合係數的大小還沒有什麼期待時，三田一郎（Anthony Ichiro Sanda, 1944 年生）及畢基（Ikaros Bigi, 1947 年生）便提出漂亮的方法，可經由 B^0 介子混合與衰變來清楚量測小林－益川的 CP 破壞相角，不會受強子效應的干擾。但這個想法原本多少只是概念的提出，因為很多先決條件必須要滿足，其中最重要的條件便是 B^0 介子混合要先量到。若以 1980 年左右的預期來看，要實驗測量到 B 介子系統的 CP 破壞似乎是頗遙遠的事。但ARGUS實驗發現了比預想大很多的 B^0 介子

混合，振奮了人們的希望。不久之後，歐當內（Piermaria
Oddone, 1944 年生）提出非對稱對撞的想法，也就是以不
同能量的正負電子束來對撞，使產生的 Υ(4S) 質心系統往
電子方向運動，Υ(4S) 衰變成的 B-反 B 介子對也同方向運
動，正好可發揮在 1980 年代已開發的「矽頂點偵測器」，
偵測 B 與反 B 介子的衰變位置差異……。好了，讓我們不
要再敘述技術細節，只說到了 1989 年，原本已建有較大的
正負電子對撞機的史丹福 SLAC 實驗室與日本筑波 KEK 實
驗室，都分別推動研發，發展所謂的「B 介子工廠」，也
就是藉量產 Υ(4S) 介子、盼望用三田與畢基的方法直接測
量小林－益川三代夸克 CP 破壞相角！KEK 實驗室甚至聘
請小林來管理粒子物理實驗，諾貝爾的企圖明顯。

　　到了 1990 年代中期，日本的 KEKB 加速器與美國的
PEP-II 加速器，以及伴隨的 Belle 與 BaBar 實驗都已在積

極興建，而臺灣則在 1994 年組成團隊，加入 Belle 實驗。Belle 在法文是美女的意思，而 BaBar 則是法國漫畫中的一隻大象，所以這好比「美女與野獸」的競賽，因為 b 夸克又叫「底」bottom 夸克，又被稱做「美」beauty 夸克。KEKB 與 PEP-II 都在 1999 年成功啟動運轉，數據快速累積，到 2001 年夏天，兩個實驗合起來的結果，就已確定量到 B 介子系統的 CP 破壞，並且證實與小林－益川模型相符，是粒子物理標準模型的又一大勝利。雖然 K 介子直接 CP 破壞在 1999 年已先量到，因此伍爾奮斯坦的超弱模型已被否證，但 K 介子直接 CP 破壞現象有很大的強子效應干擾，因此無法確證標準模型的小林－益川機制，可見 B 介子工廠的測量更具影響力。有趣的是，B 介子工廠在 2004 年就測量到了 $B^0 \rightarrow K^+\pi^-$ 衰變的直接 CP 破壞，和 2001 年間接 CP 破壞的測量只隔了三年。這和 K 介子系統

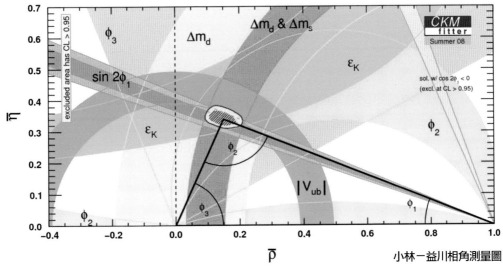

相比，自 1964 年人類首次發現（間接）CP 破壞，要隔了三十五年才量到直接CP 破壞，凸顯了 B 介子工廠的效能。B 介子直接 CP 破壞的測量，在 Belle 實驗主要是由張寶棣教授帶領當時還是博士研究生的趙元完成。而臺灣團隊在 Belle 實驗則有超乎人數比例的表現，奠立了臺灣大學高能實驗室的基礎。

小林－益川相角測量圖

圖中的黑線三角形即是所謂的「KM 三角形」，ϕ_1 角就是小林-益川的 CP 破壞相角，而 Belle 與 BaBar 實驗所量的物理量是圖中自左上到右下、以 $\sin 2\phi_1$ 標出的細長藍色角錐。是這個關鍵測量，得出以斜線描出的橢圓交會區域，確證得以形成三角形的頂角，使小林與益川榮獲諾貝爾獎。這個圖可以說界於科學與藝術之間，有可能被現代美術館（MOMA）典藏！
（圖片來源：http://en.wikipedia.org/wiki/File:LHC.svg）

小林自承不足與三代夸克雅思考格不變量

讓我們引用小林在2008年領獎致詞講稿中的幾句話：

「B 工廠的結果顯示夸克混合是 CP 破壞的主要來源」；

> 「B 工廠的結果容許來自新物理的額外 CP 破壞來源」；
>
> 「宇宙物質當道似乎要求新的 CP 破壞來源」。

在最後這一句，小林自己承認他與益川的 CP 破壞不足以「通天」，也就是不足以滿足沙卡洛夫三條件中 CP 破壞的強度。但這又是什麼意思呢？

在不引入太多技術細節的情況下，容我們略做口語的說明。小林的第一句話是說，到目前為止，CP破壞僅在他與益川所提的三代夸克混合觀測到，以兩人姓氏的英文縮寫稱為 KM 機制。KM 機制的前提當然是所謂的 KM 相角 ϕ_1 不為零（$e^{i\phi_1}$ 為複數），但更精確的說，是要所謂的**「KM 三角形」的面積 A 不為零**。我們在上面的 KM 三角形測量圖裡，可清楚看到這個三角形面積的確不為零。然而，在 KM 的機制裡還有一個微妙處，就是**所有電荷相同的夸克其質量不能有任何一對相同**。這是因為一旦有兩顆電荷相同的夸克，譬如說 d 及 s 夸克，其質量相同，則可得到一個新的相位角自由度，可以把 KM 的 CP 破壞相角「吸收」掉，不再進入物理過程。等效的說，若 d 與 s 夸克質量相同，則我們又回到二代、即四顆夸克的情形，是沒有CP破壞的。所幸，電荷 +2/3 的 u、c、t 夸克以及 −1/3 的 d、s、b 夸克，質量的確都不同。事實上，我們在第三章看到，所有的六顆夸克的質量都是不同的。

我們把 KM 夸克混和 CP 破壞存在的先決條件在上面以黑體標示出來。這兩個口訣，到了 1985 年，瑞典女物理

瑞典理論物理學家雅思考格

學家雅思考格（Cecilia Jarlskog，1941 年生）利用代數方法自夸克混和機制抽離出小林－益川 CP 破壞正比於

$$J=(m_t^2-m_u^2)(m_t^2-m_c^2)(m_c^2-m_u^2)(m_b^2-m_d^2)(m_b^2-m_s^2)(m_s^2-m_d^2)A$$

的簡明公式。這裡 A 是 KM 三角形的面積，而 J 還正比於所有的兩兩電荷相同夸克的質量平方差。也就是說，無論是 A 為零、或任何一對電荷相同的夸克質量相同，J 便消失。這個 J 被稱做小林－益川 CP 破壞的雅思考格不變量（Jarlskog Invariant）。我們看到，小林－益川 CP 破壞的口訣被巧妙的融匯在雅思考格不變量 J 裡面：J 為零，小林－益川 CP 破壞就消失。

我們所引述小林的第一句話，反映到目前實驗上量到 A 不為零，而我們原本也確實知道沒有任何兩顆夸克質量是相同的：夸克混合 CP 破壞的確是我們目前實驗已知的 CP 破壞來源。但有了雅思考格不變量J的協助，我們可以把小林的最後一句話，「宇宙物質當道似乎要求新的 CP 破壞來源」，加以量化：J 似乎小了至少百億倍（10^{-10}）！也就是說，用已測量到的 J，算出來的 BAU（宇宙重子不對稱性）只有約 10^{-20}，遠小於宇宙學上已知的約 10^{-9}。

B 工廠在 1990 年代如火如荼的推動，啟動運轉以後很快的驗證了小林－益川 CP 破壞機制，看似標準模型的重大勝利，成就不凡。然而，認真努力的實驗家（如筆者），工作之餘總有個印象，也就是就算驗證了小林－益川模型，我們在標準模型夸克混合機制裡所蘊藏的 CP 破

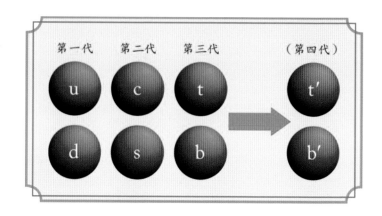

三代夸克擴增為四代
四代夸克能提供足以滿足沙卡洛夫條件的CP破壞。這個千兆倍的暴增如此驚人,大自然該會用它吧?

壞,離要解釋宇宙反物質消失所需的還差了十萬八千里。小林得了大獎,卻仍隱晦的說「**宇宙物質當道似乎要求新的 CP 破壞來源**」,而這個新的 CP 破壞來源要比我們目前在 B 工廠實驗室裡所測到的大上百億倍,令「B 工廠的黑手們」自覺有如貼地爬行的螻蟻,離宇宙之大太遙遠了!

四代魔法──千兆倍的 CP 破壞

大約在 2007 年的暑假,有一天筆者靈機一動,在紙上筆畫兩下,做了一個小小的驗算……。讓我將所得到的這個驚異與你分享。

因為種種原因,我當時迷上了我的一個老題材:四代夸克。不知為什麼,那一天我想到了雅思考格不變量。我自 1986 年起就開始從事四代夸克的相關研究,而雅思考格於 1985 年提出她的不變量時,我也驚訝於它的妙處。但不

知為什麼，我從來沒有把這兩件事情連在一起：四代夸克與雅思考格不變量。而看來接下來我所做的連結，似乎從來也沒有人清楚做過，至少沒有清楚數值化。當時我問自己：如果把上面 1-2-3 代的三代夸克雅思考格不變量做一個代的平移，也就是 1-2-3 換成 2-3-4 代，那麼原先的 J 就變成

$$J_{234}=(m_t^2-m_c^2)(m_{t'}^2-m_t^2)(m_{t'}^2-m_c^2)(m_b^2-m_s^2)(m_{b'}^2-m_b^2)(m_{b'}^2-m_s^2)A_{234}$$

2007 年時已知四代 t' 與 b' 夸克大約重過 250 GeV/c^2（因為還沒找到），如果假設 A_{234} 與三代已知的 A 相去不遠，則將質量數值代入，就會發現 J_{234} 與 J 相比，上跳了千兆倍；**你沒看錯，有千兆倍（10^{15}）**。這是因為原來的 $m_c^2\,m_b^2\,m_s^2$ 替換成了 $m_t^2\,m_{b'}^4$，而第四代夸克比第二代、以及第三代 b 夸克的質量大太多了。如今在大強子對撞機 LHC 仍未發現四代夸克，其質量當在 700 GeV/c^2 以上，與 2007 年相比 $m_t^2\,m_{b'}^4$ 又調高了約 500 倍，J_{234} 與 J 相比，整體增強了 10^{17} 倍以上。那麼，這與前述百億倍的落差比，是不是過頭了呢？大概不至於，因為實際的過程是在宇宙還「沸騰」起泡（偏離熱平衡）時，在隔離有如液態與汽態的兩個不同相的「汽泡」介面所發生的複雜弱作用散射過程——將產生的額外物質累積到膨脹中的「汽泡」內部。這樣的散射過程，牽涉到弱作用常數的高次方，因此夸克混合機制所提供的 CP 破壞，要遠大於百億倍乃是自然的。

看來四代夸克 CP 破壞不但足夠滿足沙卡洛夫條件，還有找呢！這麼強的一個機制，大自然會用它吧？事實

上，這個想法正是我在傷腦筋撰寫 Belle 實驗投遞到《自然》（*Nature*）期刊的論文的時候，竄入我腦海。似乎正是因為我換上了一個不同的腦袋，思考如何向生物背景的人——*Nature* 的主體讀者群——解釋為何在 B 介子工廠測量 B 介子衰變的直接 CP 破壞是十分重要的，因為上達宇宙與物質起源……

　　看見了千兆倍的跳躍，當時我還耽延了一陣，想要解釋另一個沙卡洛夫條件，也就是相變問題，但未能成功，因此決定先行發表這個關於從 1-2-3 換成 2-3-4 所造成的雅思考格不變量的巨大變化。照習慣將文章先公布在 arXiv 線上檔案庫時，老天爺似乎給了一個好兆頭。我是 2008 年 3 月在上阿爾卑斯山開會前，自蘇黎世的旅館上傳到 arXiv 線上，得到的論文編號竟然是 0803.1234。0803 當然望文生義，但我看到「.1234」，就不免笑出聲來，因為上蒼真是太賞光了！文章之後當然投遞到高檔期刊，但或許是內容太簡單了吧！？在折騰一年之後，到 2009 年初，我決定利用中華民國物理學會會士的身份，將文章以不須審稿的方式投到中華民國物理學會的物理學刊，*Chinese Journal of Physics*（CJP）。文章刊出時又得了一個好兆頭：頁數是 134。無論是 2008 年 3 月的 1234 號 arXiv 文件，還是登在中國物理學刊 2009 年第 47 期的 134 頁，上蒼的恩寵，在英文叫做 Providence、即神的眷顧。我一方面感傷於外在的屈辱，一方面知道雖投在 CJP，卻一定會得到很好的引用的，因為「四代夸克通天」太迷人了。果不期然，一年後物理學刊就頒給我高引用「優良論文獎」。

但這裡還有一個問題。前面「汽泡」的比方，便是關於「偏離熱平衡」的沙卡洛夫第三條件。然而，要有沸騰汽泡般的相變化，需要的是像水一樣有潛熱釋放的所謂一階相變，但詳細考量電弱作用從對稱到對稱性自發破壞的相變，需要極輕的希格斯玻色子方能達成。以 2012 年所發現的希格斯粒子（下一章）而言，其相變與前幾章所提的 QCD 類似，屬於「水過無痕」的那種，並不會出現「沸騰」現象。這是當初投遞論文時遭到質問的問題之一。但以實驗家的角度，從當年測量與檢驗小林－益川 CP 破壞機制，心中自覺如爬行地上的螻蟻、離宇宙太遙遠了的那種感覺，如今能以簡單幾行、連實驗家都能做的檢驗，一飛沖天，心情有如飛上高天的「飛蟻」（但眼睛要改變！），自言：「這一切都能從我的觀察點來理解嗎？」這種感覺太好了。

還有相變問題呢……Umm，一次面對一個問題就好。

百億倍的 CP 破壞落差，令苦苦追尋宇宙奧秘的科學家自覺有如地上爬行的螻蟻，好像永遠也邁不上遙遠的「天」。而當心中亮光閃現時，便彷彿生出了翅膀。但是這時又惶恐，無法確定「飛蟻」的小小翅膀可以飛多高、真能「通天」嗎？（圖片來源：http://www.astropics.com/Milky-Way-over-Capital-Dome.html）

費米子「味道」研究之路　我們在第三章提過重味物理，因為人們通稱費米子「代」重複出現相關的物理為費米子「味道」物理，而目前為止的 CP 破壞現象，也涵蓋在裡面。我個人的研究，主要就在費米子味道與 CP 破壞。

記得在 1986 年暑假，我首次參加國際高能物理大會 ICHEP，當年是在柏克萊舉行。我攻讀博士時的小老闆索尼（Armarjit Soni）教授找到我說：「George，B 介子的實驗發展已趨成熟，我們來做一些題目吧！」接著說我們來探討第四代夸克的效應。我當下回應說：「四代夸克？太沒想像力了吧！」這主要反映我當時少年氣盛，想做开天入地的新物理，因為當時正值「超弦一次革命」的餘緒，而 1985 年我自 UCLA 畢業赴匹茲堡，也「拼超弦」拼了半年……但我乖乖的做下去，出了好幾篇的所謂 PRL 論文。我自覺得到的 B 物理真正啟蒙，則是在這個研究過程中發現所謂的「Z 企鵝圖」引發的 $b \to s\ell^+\ell^-$（ℓ 為 e 或 μ 輕子）衰變，震幅有頂夸克質量的平方關聯，因此在頂夸克質量夠大時，可以被迅速增強。這是在 1987 年 ARGUS 實驗宣布發現大的 B 介子混合之前，人們還普遍認為頂夸克質量不會超過 30 GeV/c²。而因為四代夸克 t′ 必定比頂夸克 t 重，因此其影響有可能更顯著，增強了我對四代夸克的興趣，並提出配合未來實驗進展的四代夸克混合矩陣最佳參數化的建議。

四代夸克與輕子國際研討會於 1987 年 2 月 26 到 28 日在 UCLA 舉行，會中 ARGUS 實驗宣布[1]了大的 B 介子混合實驗結果，造成轟動。然而，當時我對也有頂夸克質量平方關聯的 B 介子混合現象只有一知半解，可是因為在同一時間剛好觀測到稱為 SN1987A 的超新星爆炸，讓我留下深刻印象。SN1987A 的超新星爆炸，除了光學影像外，人類竟然自地底觀測到了超新星微中子（2002 年獲頒諾貝爾獎），十分的神奇。也是在 UCLA 的研討會中，歐當內受了 ARGUS 發現的刺激，提出了正負電子非對稱對撞的想法（當時我還十分懵懂），開啟了「B 介子工廠」之路，後來竟然影響了我的學術生涯以及返國。

1987 年暑假我將離開匹茲堡赴慕尼黑之際，我對合作者魏立（Raymond Willey）教授說，我看到一篇討論雙希格斯偶對模型[2]對 $b \to s\ell^+\ell^-$ 以及類似衰變影響的論文，我們也探討一下。沒想到因此發現前文的錯誤：第二個希格斯偶對的存在，對量子效應引發的 $b \to s$ 衰變過程、特別是 $b \to s\gamma$ 及 $b \to sg$ 衰變（γ 及 g「企鵝圖」），有很大的影響，而在超對稱（supersymmetry）型雙希格斯偶對模型，永遠造成增強效應。當我在慕尼黑的馬普研究院（Max-Planck-Institut，MPI）的海森堡研究所（Werner-Heisenberg-Institut）時，以及之後轉赴瑞士蘇黎世附近的保羅・謝熱研究院（Paul Scherrer Institue, PSI），除了 $b \to sg$ 衰變之外，又探討了雙希格斯偶對模型對 $b \to c\tau\nu$ 衰變的影響，1992 年回國後提出雙希格斯偶對模型可將 $B \to \tau\nu$ 衰變增強到當時的實驗上限值。1988 年發表的 $b \to s\gamma$ 工作，在 1990 年代實驗量到後，對雙希格斯偶對模型中存在的帶電 H⁺ 玻色子質量提供到目前為止的最佳下限值。而 1993 年以單一作者發表的 $B \to \tau\nu$ 工作，在 2006 年 Belle 實驗首次量到後，迅即變成個人最佳引用論文，且成為二代 Belle II 實驗的一大追求目標。

至於 CP 破壞，我在研究生時就做過模型研究，但說實在，有一點「通了六竅」，還在學習階段。是在我完整研究了 g 企鵝圖所引發的 $b \to sq\text{-}$反 q 衰變之後，在 MPI 時決定研究 B 介子強子衰變的直接[3]CP 破壞，包括 $B^0 \to K^+\pi^-$。因為研究概括性 $b \to sq\text{-}$反 q 衰變的 CP 破壞，還指出當時大家慣用的數值計算違反 CPT 定理與其他公理，造成了一定的轟動。因此，我從 B 介子的稀有衰變，研究領域真正拓展到 CP 破壞，但以直接

1　ARGUS 實驗在 1987 年 2 月 24 日已在 DESY 宣布結果，日期與 SN1987A 發現的日期相同。

2　標準模型只需要一個希格斯偶對場，我們在下章將討論。但若自然界存在一個，實在沒有什麼理由沒有第二個偶對，就像費米子「代」的重複出現一樣。

3　B 介子的直接 CP 破壞，最早是由索尼教授在 1979 年提出的，影響了三田教授的研究。

CP 破壞為主，並未真正涉獵三田與畢基的藉間接 CP 破壞測量小林－益川 CP 破壞相角的方法。雖可說是我的專攻，不如說是不夠用功或劃地自限，也許也反映了自我的格局。

我 1989 年到瑞士的 PSI，是因為 PSI 當時打算興建接續 CLEO/ARGUS 實驗的 B 介子研究設施，因此他們找我去任所謂的「五年任期研究員」（對等於助理教授）一職。可惜德國北部以 ARGUS 為主的人不支持，瑞士內部也有人攪局，在我上任後兩個禮拜，計畫被取消了！我的學術生涯就此扭轉，開始考慮回國。其實 PSI 的 B 介子計畫被擱置，更深層的原因是歐當內提出的非對稱正負電子對撞建議，吸引了 SLAC 及 KEK 的注意。這兩個大型實驗室分別有原本領一時風騷的正負電子對撞機（尋找頂夸克），但已被 CERN 的 LEP 對撞機凌駕，因此面臨存亡廢續的問題，更何況日方鎖定小林－益川 CP 破壞機制，有諾貝爾獎潛力。相對的說，PSI 的設計，受場地與經費的限制（與康乃爾類似），無法達到足夠的非對稱對撞，因此評比之下，漸失吸引力。所以說，歐當內福至心靈的建議，影響了我的人生軌跡，促使我在 1992 年返母校任教。但是，也正因回到東亞的立足點，部分也是因為臺大自從原子核實驗室退位後，始終沒有接續的高能粒子物理實驗室，再加上一些因緣際會，我在 1994 年初提出先導實驗計畫，通過後不久決定就近加入日本 KEK 的「B 介子工廠」計畫。我不是理論家嗎？其實，我當初的想法是促成在臺大聘人，做個「催化」出高能實驗室的工作。當時使命感的催促，真的是不做不行。沒想到聘人的事情先盛後衰，趕鴨子上架，竟然把我「逼」成了臺大高能實驗室的創建者。想不到，這也帶出了這一章以及下一章所描述的個人尖端理論研究。

1990 年代，臺灣因緣際會的匯集了不少做稀有 B 衰變與 CP 破壞的理論家，特別是直接 CP 破壞方面。我在 1997 年被 Belle 實驗指派為「稀有衰變」物理召集人，並在我的敦促下，與「直接 CP 破壞」物理組合而為一，發展了雙召集人模式。1999 年 KEKB 將運轉，臺大聘入張寶棣教授加強物理分析（更早聘入的王名儒教授尚需負偵測器硬體責任）。到 2004 年張寶棣帶領博士生趙元找到了 $B^0 \to K^+\pi^-$ 直接 CP 破壞的證據，與 BaBar 的類似證據合在一起，B 工廠宣告發現了 B 介子系統的直接 CP 破壞，在本文裡已討論。但 2004 年的當時，我們還注意到類似的帶電 $B^+ \to K^+\pi^0$ 衰變，其直接 CP 破壞與中性 $B^0 \to K^+\pi^-$ 不同，連符號看來都相反，違反直觀。我當時就指出這可以出自「Z 企鵝圖」的新物理效應，找到適當的文章在 2004 年的 Belle 實驗 PRL 論文裡引用。這個「B → Kπ 直接 CP 破壞差異」，到 2005 年增加數據後更加顯著。而在熊怡教授的建議下，Belle 實驗原本希望以條理清晰易懂的 $B^0 \to K^+\pi^-$ 直接 CP 破壞「單一實驗」的發現級測量，投遞《自然》Nature 期刊。沒想到因為試想收納直接 CP 破壞差異的延宕，BaBar 實驗已將 $B^0 \to K^+\pi^-$ 的更新結果先行發表在 PRL。因此 Belle 實驗於 2007 年將論文投遞到《自然》時，期刊編輯禮貌性的問：「賣點在哪裡？」使 Belle 回到被動，被迫將訴求從單純的 $B^0 \to K^+\pi^-$ 直接 CP 破壞發現，轉而在直接 CP 破壞差異可能是新物理的徵兆方面作文章（我因此成為主要執筆之一）。

就是在 2007 年暑假思索如何撰寫 Belle 的《自然》論文時，我的腦筋一轉，發現了四代夸克的 CP 破壞量較三代暴漲千兆倍[1]以上。我寫這麼多的個人研究歷程，也是為了將走到這一步的來龍去脈對讀者做一定的交代。筆者於 2010 年 2 月邀到小林先生訪臺，其中有一場在臺大的演講，演講後有學生問小林先生對四代夸克的意見，小林先生一本正經的認為沒有第四代，並認為看被看好的是超對稱，基本上就是宣示主流派意見。我做為主持人，不便表示各人意見。其實 2010 到 2011 年，四代夸克變成了「微」熱門，一方面是因為可以通天的 CP 破壞放大，另一方面是因為還真的有一些 CP 破壞實驗徵兆。可惜 2011-2012 的 LHC 數據，既沒發現超對稱，也沒找到四代夸克，一點新物理的徵兆也沒有，原有的 CP 破壞新物理徵兆也全都被「消滅」了。更有甚者，所發現的 126 GeV/c² 新粒子普遍被認為就是是希格斯粒子，如此一來，四代夸克是間接被否證的。但這就把我們帶入第六章的討論了。

---

[1] 其實雅思考格也參加了 1987 年在 UCLA 舉辦的四代夸克盛會，報告她的不變量。我在這個會中，還聽到她親口說，她不喜歡四代夸克，理由主要是因為她的不變量將失去只有三代夸克時的唯一性。

四代夸克
的追尋

陸、神／譴 之粒子？
——特重夸克凝結⋯⋯

　　2012 年 7 月 4 日是個大日子，不是因為紀念美國獨立二百三十六週年，而是歐洲核子研究中心 CERN 的大強子對撞機 LHC 的 ATLAS 與 CMS 實驗宣布，找了近五十年的希格斯粒子——神之粒子——被發現了！為何希格斯粒子被稱為神之粒子？因為它提供了光子、膠子（以及可能微中子）之外所有基本粒子的質量，因此碰觸到另一個重大起源問題——質量之源。這又是一個看似不著邊際的問題，而它為什麼與我們的夸克論題有關？因為夸克質量也是來自希格斯粒子！

　　在前一章我們說到「四代夸克似乎通天」。但所發現的希格斯粒子符合三代標準模型預期，卻與四代夸克有重大矛盾。可是希格斯粒子，作為人類首次發現的「基本純量粒子」，本身帶入許多問題。在這一章我們要另闢蹊徑，討論特重、即四代夸克的存在所引發的夸克－反夸克「凝結」，可以是電弱對稱性破壞的源頭，亦即可以取代希格斯粒子的功能。那麼所發現的粒子是什麼呢？將會是有如天方夜譚般奇幻的「伸展子」，但並非不可能在數年後被實驗驗證，屆時將會提升發現的層級。就算實驗仍然確證希格斯粒子而排除伸展子，我們的討論也是引人入勝

的奇幻經歷，讓人可以一窺研究，特別是高風險、高報酬研究的堂奧。

若特重夸克凝結本身是質量之源，那麼它與宇宙起源的關連就真的深刻了。

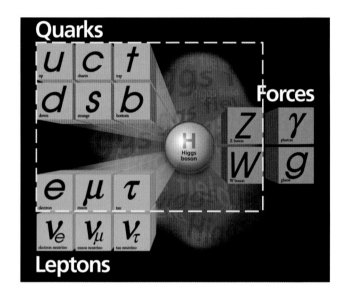

神之粒子：質量之源

　　「電子的質量從哪裡來？」這個問題似乎又是問的有些不著邊際，一般中式腦袋多半會不假思索的反問「電子的質量不就是電子的質量麼？」你也不用洩氣，因為若將這個問題拿來問物理系學生、甚至碩士研究生、包括多數博士生，多半也是霧煞煞、腦筋一片空白。那我們把問題轉一下，「原子核的質量從哪來？」，則答案很簡單：從原子核裡面的質子、中子而來（減掉少許束縛能）。可還記得拉塞福的貢獻？那再往下追問，「質子與中子的質量從哪裡來」？則粒子物理學家會自豪的告訴你：差不多都是從量子色動力學QCD（第二章）的交互作用能量而來。Hmm，你開始反問：「為什麼說差不多呢？」大哉問，因為核子（即質子與中子）有一小部分的質量、亦即不到2%，是來自 u 與 d 夸克。好，你現在有一點進入狀況了，因為你開始好奇的問，「那夸克的質量從哪裡來？」這個問題與我們一開始提問的「電子質量從哪裡來？」位在同等地位，目前粒子物理標準模型的標準答案是：從與希格斯場（Higgs field）的作用而來。讓我們來進一步說明人類在認知上又一樁重大成就。

　　前頁的附圖，突顯出希格斯粒子 H 在基本粒子質量問題的核心位置：它提供了夸克（quark, q）、帶電輕子（charged lepton, ℓ）以及 W 與 Z「向量玻色子」（vector boson, V）的質量，在圖中我們用虛線框起來。沒有框起來的，在圖右有和 W 和 Z 同為作用子（傳遞作用力，force）的光子 γ 與膠子 g，以及圖下的微中子 ν。微中子為不帶電荷的中性輕子，質量非常輕但又確實不為零，目前我們不確定它們的質量是單純的從希格斯粒子而來，還是恐怕有標準模型以外的機制，在本書裡不多做討論。光子γ 傳遞量子電動力學 QED 的電磁作用力，是我們熟悉的。不少人知道，以「光」速前進的粒子是不能有質量的，因為若有質量，我們就可以追上它的質心系統；但相對論的根基是光速的恆定，不因座標系而變，所以光子沒有質量！膠子 g 則傳遞 QCD 的基本強作用力，與光子一樣是沒有質量的。但 QCD 是非阿式 $SU_c(3)$ 規範場論（C 代表「色」荷），與量子電動力學的 $U_Q(1)$ 表現很不一樣（Q 代表電荷），譬如說把 u 與 d 夸克束縛在質子（uud）與中子（udd）裡面，導致第二章所討論的複雜又難懂的強子現象。

　　1960 年代所發展出的葛拉曉－溫伯格－薩蘭姆電弱統一場論，將傳遞電磁作用力的光子 γ 與傳遞弱作用力的 W 與 Z 玻色子結合起來，也就是無質量的光子和質量達質子百倍的 W 與 Z 玻色子，竟然是如同胞兄弟般的關連！這個神奇的連結，是經由我們在第二章所略微提到、南部所提的「對稱性自發破壞」（Spontaneous Symmetry Breaking, SSB）機制：在原有的 SU(2)×U(1) 電弱規範對稱性之下，所有的規範粒子應當都像光子是無質量的，但因希格斯場引發的 SSB，使 W 與 Z 變得很重，剩下一個未被自

發破壞的 $U_Q(1)$ 對稱性，便是所謂的電動力學，其規範粒子是無質量的光子。藉 SSB 使得規範玻色子獲得質量的機制，現在稱為 Brout-Englert-Higgs 或 BEH 機制（俗稱希格斯機制），榮獲 2013 年的諾貝爾獎。我們在這裡不詳細講解這個機制，而把對它的討論，收在附錄二裡。重點是，它解釋了電弱統一理論為何會有很重的 W 與 Z 玻色子，而光子 γ（以及膠子 g）卻沒有質量。人類能完全解開十九世紀末所發現的放射性衰變的本質，實在不簡單。而這個理論架構，竟同時提供了基本帶電費米子的質量產生，不可不謂神奇。神奇的背後，則是神秘的質量之源——希格斯粒子 H，是由前述的希格斯（Peter Higgs, 1929 年生）提出的，比他早一點提出 BEH 機制的布繞特（Robert Brout, 1928-2011，未能等到獲獎就過世了）與盎格列（François Englert, 1932 年生）的論文並未清楚提到。

粒子物理標準模型在 J/ψ 介子發現後不久便完全底定：$SU_c(3) \times SU(2) \times U(1)$ 的作用力藉對稱性自發破壞到 $SU_c(3) \times U_Q(1)$，W 與 Z 玻色子、以及夸克 q 與帶電輕子 ℓ 均獲得質量，而 SSB 留下神秘的質量之源、希格斯粒子 H 為印記。到了 1970 年代末期，人們對 H 粒子存在的真實性認真起來，實驗家開始著手搜尋。困難的是，標準模型並未預測希格斯粒子的質量 m_H，從極微小一直到質子質量的千倍都可以，而 H 粒子的性質卻與它的質量息息相關，因此十分難搞、非常難找。在歐洲核子研究中心 CERN 的實驗於 1983 年發現 W 與 Z 玻色子後，美國意識到粒子物理主導權的危機，在 1984 年儒比亞 (Carlo Rubbia, 1934 年生)

與凡德梅耶 (Simon van der Meer, 1925-2011) 獲得諾貝爾獎的同年發動建造超導超能對撞機 SSC，主要目標就是要發現希格斯粒子，確證BEH 機制。然而，隨著冷戰時代的結束，美國國會卻在 1993 年秋否決了這個已在德州建造中的計畫，以致功敗垂成。雖然全世界各個大型加速器紛紛搜尋希格斯粒子，但都沒找到。最後還是由 CERN 在 1994 年通過的大強子對撞機 LHC，於 2008 年啟動運轉後，在 2012 年 7 月 4 日宣布發現了眾裡尋它千百度的希格斯粒子，質量在 126 GeV/c^2 附近，為近半個世紀的人類史詩衝上高點。而益格列與希格斯在一年多之後便同獲 2013 年諾貝爾獎，可惜布繞特已在 2011 年過世。

CERN 的凱旋

2012 年 7 月 4 日在 CERN 的凱旋宣示，握拳的是 LHC 加速器前負責人 Lyn Evans，其他四位是 CERN 前總主任。（圖片來源：由 http://okok1111111111.blogspot. tw/2012/07/god-particle.html，知道是來自 AP Photo/Denis Balibouse, Pool）

大科學

　　2012 年底《科學》期刊的封面標題將希格斯粒子的發現稱為「年度突破」，美國時代雜誌更以發現希格斯粒子的兩個實驗之一，ATLAS 實驗的女發言人賈娜蒂（Fabiola Gianotti，1962 年生）為 2012 年五大風雲人物之一。因此，不論是科學界或一般媒體，希格斯粒子 H 的發現都被認定為最高層級的成就。因此 2013 年的諾貝爾獎，在物理獎中相對而言是比較大的，而背後，則是「大科學」。

　　從 1950 年代發現反質子的 Bevatron，到 1970 年代發現 J/ψ 的 AGS 與 SPEAR 加速器已開始大型化。CERN 在 1980 年代興建的大型電子－正子對撞機 LEP（Large Electron-Positron Collider），周長達 27 公里，深埋日內瓦北邊侏羅山前地底 100 公尺，目的是為了精確測量 Z 玻色子的性質（中心能量約 91 GeV）、成對產生 WW（中心能量達 209 GeV）以研究 W 玻色子的性質——以及搜尋希格斯粒子 H。你會問：「既然有 200 多 GeV 的中心能量，為何沒有辦法發現 126 GeV/c^2 質量的希格斯粒子？」這是因為產生過程是 e$^+$e$^-$ → ZH，要伴隨產生一個重約 91.2 GeV/c^2 的 Z 玻色子，因此雖經四個大型實驗的努力，也只能宣稱 m$_H$ 不能低於 114 GeV/c^2。事實上，在 LEP 運轉快要結束時，出現了希格斯粒子或許在 115 GeV/c^2 附近的徵兆，令人興奮一時，LEP 還為此多運轉了幾個月。可惜可信

度[1]並沒有改善，因此 CERN 毅然決然終止 LEP 的運轉，將其拆除，開始在 27 公里長的 LEP 隧道中興建史無前例的浩大工程：大強子對撞機 LHC（Large Hadron Collider），整個計畫總造價近百億美金，還不含人員薪水。

LHC 用超導磁鐵來將質子束控制在精確的軌道上，軌道位在 27 公里長、全世界最大的真空腔裡。它又是全世界最大的超低溫裝置，因為超導磁鐵的運轉需要將液態氦維持在絕對溫度 1.9 K（即零下 271.3 ℃），一共用到近百噸的氦氣。這整個儀器，不但浩大，卻又要能十分精細的操控（滿載的質子束攜帶的能量接近 200 公斤黃色炸藥的威力，打到哪裡都是不得了的），是很大的挑戰。LHC 計畫的成功，證明了 CERN 自 1954 年成立以來運作模式的成功——多國協約、法人化運作、以最佳科學為標的——以及長期累積的設備與經驗。即便如此，在 2008 年 9 月 LHC

LHC 加速裝置概要

LHC 的巨大加速器系統，其實連結了 CERN 所有的歷史。圖中 p 與 Pb 標出加速質子與鉛、或其他離子的線型加速器，經 booster 轉入質子同步加速器 PS，再轉入當年發現 W 與 Z 的超級質子同步加速器 SPS，後轉入建在當年 LEP 地底 27 公里周長隧道裡的大型強子對撞機 LHC。圖中標出了 LHC 的四個主要大型實驗 ATLAS、CMS、ALICE 與 LHCb 的位置。
（圖片來源：http://en.wikipedia.org/wiki/File:LHC.svg）

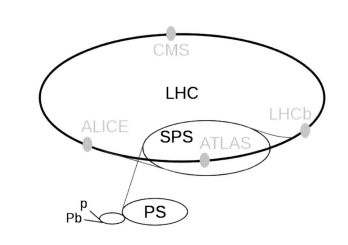

1　更正確的統計名稱為「顯著度」（significance）。

成功操控質子束之後，卻在啟動兩個反向運行的質子束對撞時，發生重大意外：因某個超導線路銜接的失誤造成短路，打穿了液態氦容器，釋出的約六噸氦 He 氣化時爆發性的威力損壞了約五十個超導磁鐵（約 LHC 超導磁鐵數的 1/30），甚至造成移位。這個意外，導致了 LHC 的時程延宕了十四個月！而 2009 年重新運轉時，CERN 也謹慎的將對撞能量從 14 TeV 的設計值調降到 7 TeV，在運轉出信心後，到 2012 年才調升為 8 TeV。這是因為超導磁鐵量產流程的品管出了問題，需要長時間一一檢驗與修復，修復前不宜將電流開到最大，以降低風險。我們寫這些，一方面給讀者真實感，也是讓大家知道這樣的超大型計畫可說是對全人類的挑戰。我們常提到沈思者，但也不能忘記人類是工具製造與使用者。手腦並用是人類一大特徵，而從錯誤中學習，是人類個體與全體成長之路。

　　LHC 加速器是希格斯粒子的產生工具，但產生了希格斯粒子，要把它從數不清的背景事件中篩選出來，則要超級精密的大型偵測器——大科學；與加速器相比，不惶多讓。怎麼說呢？我們列出 ATLAS 與 CMS 實驗各一張（部分）偵測器照片。臺灣大學與中央大學參加的**CMS**實驗，全名是 **C**ompact **M**uon **S**olenoid，或「緊緻渺子螺管」。但，**緊緻**!?看看照片最左邊有綠色的欄杆，可以感受到人相比的大小。這個裝置，重達 12,500 噸，長 25 公尺、高 15 公尺，由四十二國、一百八十多個單位、超過三千人的大型國際團隊建造完成，是個全球性的國際合作計畫。它有約八千萬個電子讀出道，可以看成是一個超大型的「相

機」或「電眼」，設計來捕捉質子與質子對撞時撞出來無數碎片的粒子軌跡。偵測器照片是沿著質子束的軸拍攝的，其核心主體位在一個直徑 6 公尺、13 公尺長的超導**螺管線圈磁鐵**裡，磁鐵提供 4 Tesla（約地磁的十萬倍）磁場用以測量帶電粒子的軌跡。磁鐵的外面，便是外圈顯著的、呈十六面結構的渺子偵測器，其中數圈紅色部分是讓磁力線回流的鐵，金屬色部分則是偵測裝置。好了，你現在可回想，這個圓柱形、從內到外一層層的偵測器，不正是當年發現 ψ 與 τ 的 Mark I 偵測器（第三章）的後裔嗎？

伴隨 CMS 實驗的，是中央研究院所參加的 ATLAS 實驗，全名是 A Toroidal LHC ApparatuS，或「環場 LHC 裝置」。雖然體積更大，長有 45 公尺、高 25 公尺，是 CMS 體積的五倍，但「只有」7000 噸重，略超過 CMS 的一半，參與的國家與人數則與 CMS 類似。圖中左邊像塞子的東西，是「端蓋」環狀磁鐵，順著端蓋往裡看，則是 ATLAS 的內層探側器，位在一個約 6 公尺長、2 公尺多高的柱形螺管線圈裡，但磁場只有 2 Tesla，比 CMS 弱。然而 AT-LAS 偵測器最大的特徵則是圖中如章魚爪般的結構，沒錯，共八個的「外筒環狀磁鐵」。每個環狀磁鐵沿著 AT-LAS 偵測器外層有 26 公尺長，非常巨大，基本上讓偵測器的筒狀外層有環繞著中軸的磁場，因此叫環狀[1] 磁鐵，基本上涵蓋著渺子偵測器。除了磁場比較複雜，ATLAS 的電磁量能器，亦即量測電子、正子及光子能量的偵測器，

---

[1] 如甜甜圈的 torus 一般，因此稱為「toroidal」。

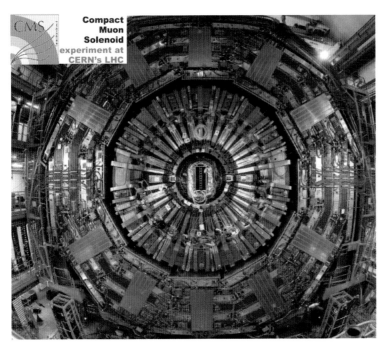

CMS 與 ATLAS 實驗裝置圖

CMS 與 ATLAS 實驗之龐大偵測器。在臺灣有臺大與中大參與 CMS，而中研院則參與 ATLAS。中研院還提供 Tier-1 網格計算中心。（圖片來源：http://cds.cern.ch/record/1344500. http://cds.cern.ch/record/1017394）

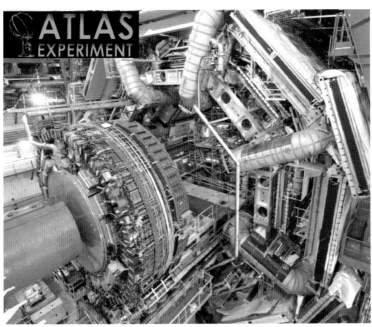

與 CMS 使用的鉛鎢氧化物晶體偵測元件不同，使用的是液態氬間隔以鉛片，因此有縱向採樣功能。

總而言之，這樣大而複雜、有無數讀出道的偵測器，與 1970 年代之前的偵測器比，甚至於與前一章 B 介子工廠的偵測器比，其困難度可想而知，難怪需要數千人的菁英團隊、經過十多年的設計與建造方能完成。是人類這樣的壯舉，才能終於從數量驚人的背景事例中，挖掘出期待已久的希格斯粒子。

除了加速器與偵測器，ATLAS 與 CMS 實驗的數據量也是史無前例的，因此發展出了所謂的 Grid 網格計算。臺灣提供全亞洲唯一的所謂Tier-1 網格計算中心。可惜因為經費問題，中央研究院決定自 2014 年中起，不再提供CMS實驗的 Tier-1 網格計算支援，殊為可惜。這不但對 CMS 是個損失，對臺大與中大團隊更是如此，也是對國家顏面的損傷。

希望抑幻滅——神譴粒子？

「神之粒子」或God Particle，望文生義，當然是跟基本粒子「質量之源」有關，但這個名稱是來自1988 年的諾貝爾獎得主、我們提過多次的雷德曼。雷德曼從 1978 年到 1989 年任美國費米實驗室Fermilab的主任，頗有建樹，一方面將原來的質子加速器比照CERN改建成質子－反質子對撞機 Tevatron，另一方面大力推動超導超能對撞機 SSC 的興建。到了 1990 年代初期，雖然 SSC 已在興建中，但

卻因為建造經費節節高昇，陷入危機。因著蘇聯在 1991 年底 [1] 瓦解，美國成為世界唯一超極強國，冷戰時代超強競賽所延續對粒子物理學家的重視與支持，開始淡化。到了危機的關鍵時刻，雷德曼在 1993 年出了一本名為神之粒子的通俗科普書，副標題為「如果宇宙是答案，那麼問題是什麼？」目的是為了替 SSC 辯護，但卻無法力挽狂瀾，未能阻止 SSC 在該年 10 月被美國國會終止的命運。當時 SSC 的地下隧道已開挖了 23 公里、用掉了二十億美金的經費！這突顯了美式經費審核對多年期大型計畫的持續性支持有重大缺陷，不如歐洲以多國協約支持經費的 CERN 模式穩定。

但生性詼諧的雷德曼，卻就書名在書中爆料道：「為何叫上帝粒子？原因有二，其一因為出版商不讓我們叫它『神譴粒子』（Goddamn particle，或『該死粒子』），雖然以它的壞蛋特性及造成的花費，這樣稱呼實不為過……」。不管是否屬實、還是只是俏皮話，美國正規出版商多少承襲了清教徒文化，會認為「該死」這一類的咒詛用語出現在書名不大妥當。但上帝粒子或神之粒子，因為傳神所以容易搏版面，深得媒體及一般大眾的青睞，卻讓

1　還有一個因素是所謂的第一次波灣戰爭於 1992 年 2 月在「一百小時」內就結束，可以說部分出自美國老布希總統的矯情，卻多少導致接下來美國的經濟蕭條，以致於老布希在年底連任失敗，政權自 1993 年由共和黨轉移到民主黨的柯林頓。這個重大的政權轉移（包括國會）、假想敵蘇聯在同一時間瓦解，再加上經濟持續不景氣，便是 SSC 遭終止的大環境。

很多物理學家——包括希格斯——感到背脊發涼。

不過雷德曼也說出了為何他本來想稱希格斯粒子為該死粒子，或稍微文雅一點的說，「神譴」粒子：希格斯粒子太難以捉摸、太難搞、太難找、找太久了……直到2012年7月4日CERN的宣告。從1964年希格斯提出伴隨BEH機制的粒子到它被找到，共經過了半個世紀，果然是個難纏的傢伙。而作為質量之源，稱之為神之粒子或上帝粒子還真是神來之筆呢！

我倒想利用雷德曼的本意——神譴粒子——來說明希格斯粒子的本質問題，並帶進另外一個議題。

如果說希格斯粒子是粒子物理三十多年來所追尋的「聖杯」（Holy Grail）的話，那麼我們當知道聖杯的追尋，總會有真假問題。聖杯，據說是耶穌在最後晚餐設立聖餐時所使用的酒杯，多年來有許多的穿鑿附會，賦予了它許多神奇特性。讓我們就完全的商業化，用電影《聖戰奇兵》（Indiana Jones and the Last Crusade）的版本吧。在電影裡，據說喝到用聖杯盛的水會有神奇的果效。結果壞人上了親納粹女教授的當，選擇了華麗的假聖杯，但在喝下水後，非但沒有得到「永生」，反而迅即老化、灰飛煙滅。接下來，為了挽救被壞人射傷性命垂危的父親，印第安那・瓊斯得面對難題：究竟那個是真聖杯呢？他回想當年耶穌乃是在窮人之間行走，絕非炫富攀貴之輩，因此他選擇了當中最不起眼的一個杯子。果然，在領受了聖杯中的水之後他父親老瓊斯立刻痊癒……

好了，究竟我們想說什麼？試想若當時印第安那・瓊

斯面對兩個非常相像、也都不怎麼起眼的聖杯，他該怎麼辦？生、與死：哪個是「真」的？一個可救活父親，一個卻會讓父親立即殞滅。他究竟該怎麼選呢？

在進一步解明我們的謎語前，容我說明一下希格斯粒子 H 的特色：

哪個是「真」聖杯？
這可事關生與死！

（圖片來源：http://coolan-dcollected.com/hollywood-on-the-block-film-tv-memorabilia-up-for-auction/. http://seth-on-survival.com/survival-news/holy-grail-war-waging-cup-disappears）

- 它是破天荒第一顆「基本純量粒子」（fundamental scalar particle）！
  —諾貝爾委員會已然如此宣告，但熟悉的量子電動力學與色動力學都沒有；也許以後會發現帶電荷或色荷的基本純量粒子吧？
  —已知的純量粒子[1]如氦原子或氘原子核，或至今都還未定論的純量強子，都是束縛態；
- 費米子質量產生有疑點
  不是原 BEH 機制的一部份，因此是偶然，還是老天奉送的紅利？我們在後面說明；
- 衍生重重問題：例如
  —「層階」（hierarchy）問題；
  —真空穩定性問題……等等。

後面這些問題，對理論物理學家來說是很尖銳深刻的，但我們就不進一步解釋了。

奇怪的是，雖有這許多問題，粒子物理學家卻似乎已普遍接受質量 $126\,\mathrm{GeV/c^2}$ 的新粒子就是希格斯粒子 H，連

---

1 純量粒子的自旋為零，宇稱為正。

在事前多數持審慎保留態度的實驗粒子物理學家，在 2012 年 7 月以後也多數「皈依」成為 H 的信徒了。這也難怪，因為 126 GeV/c² 的新粒子，確實通過所謂的「鴨子測試」：

> 如果牠看起來像鴨子，游泳像鴨子，叫聲像鴨子，那麼牠可能就是隻鴨子。

目前 126 GeV/c² 新粒子，通過一切檢驗，看似標準模型的希格斯粒子 H 無誤。難怪諾貝爾委員會在給獎之餘，還語帶興奮的說實驗「驗證了理論所預測的基本粒子」了。但，在哥倫布發現新大陸、他自己卻還不知道時，「鴨子測試」是可以導致十分錯誤的判斷的！事實上，哥倫布終其一生堅信他是用新航路到達了「印度」，這也是美洲原住民仍常被稱為「印地安人」的來由。

　　我們發現「希格斯粒子」，不就像剛發現新大陸一般嗎？而真正的鴨子測試，只有檢驗 DNA 才算數！我們在下面就費米子質量產生問題以及所發現的新粒子是否為基本粒子問題略做評述，之後再討論前面的真假聖杯隱喻。

牠是一隻鴨子，還是只是很像一隻鴨子？

費米子質量產生

我們在本章一開始，藉圖示將夸克 q、帶電輕子 ℓ，與向量玻色子 W 與 Z 框在一起，說明它們的質量都藉希格斯場產生。現在，我們再進一步討論 q/ℓ 與 W/Z 質量產生的異同。

其實，盎格列、布繞特與希格斯當時探討的是一個理論問題：如何將南部所提出的對稱性自發破壞 SSB 引入相對論性場論架構，而不導致無質量的所謂[1]「金石玻色子」（Goldstone boson）的出現，因為現實世界中，顯然並不存在這樣的金石粒子。我們不在這裡做更深入的探討，而將其收錄在討論 2013 年諾貝爾獎的附錄三裡。在這裡我們只說明兩組人都是指出，在規範場論架構下因對稱性自發破壞所產生的金石粒子，乃是被對應的規範粒子「吃掉」，使規範粒子變重，成為該規範粒子的縱向偏極自由度。因此，藉著交互作用，原本都應該無質量的橫向偏極規範粒子與金石粒子，因後者以縱向偏極的方式共同運行，就形成了所謂的有質量而有三個偏極方向的向量玻色子。

---

[1] 又稱南部－金石玻色子，因為南部在金石（Jeffrey Goldstone，1933 年生）之前就已討論了，而事實上金石是將南部的討論做一般化的推廣。

湯川耦合與費米子質量產生

費米子質量產生,雖與規範粒子質量產生的 BEH 機制形似(耦合常數乘真空期望值),卻又很不同,而且湯川耦合 λ_f 為數眾多,背後的道理還不明白。(圖片來源:http://www.fnal.gov/pub/presspass/factsheets/pdfs/FINAL_FactSheet_HiggsBoson_070912.pdf)

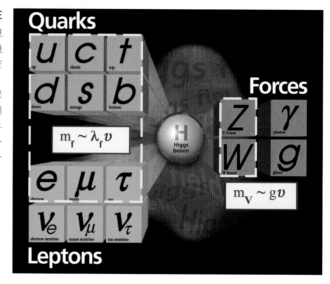

盎格列、布繞特與希格斯,以及其他的一些同好,腦海中當時揮之不去的是困難的強作用,因為開非阿式規範場論先河的,乃是所謂的楊－密爾斯規範場論(這裡楊即楊振寧先生)。這個理論將海森堡所提出的強作用同位旋對稱性提升為規範場論,但面臨伴隨的規範粒子應無質量、卻不見蹤影的問題。但強子現象與強作用太難了,解決它的時機還未成熟,所以雖有了 BEH 機制,也沒有什麼進一步的發展。但到了 1967 年,溫伯格將 BEH 機制應用到葛拉曉[1]的 SU(2) × U(1) 電弱規範理論架構,成功解釋了為何 W 與 Z 向量玻色子(通稱 V)可以那麼重,但光子 γ 卻仍是無質量的,因為後者對應到未遭 SSB 的 $U_Q(1)$

---

[1] 溫伯格與葛拉曉高中與大學都是同學。

對稱性。我們在附圖中看到，V 的質量 m_V 正比於規範作用常數 g 與「真空期望值」（vacuum expectation value）υ。是後者不為零，才引發 SSB 現象。電弱規範場論裡希格斯玻色場的真空期望值 υ 對應到約 246 GeV 的能量、或等價的質量，約為質子質能的 280 倍。這是為什麼 W 與 Z 有近百倍質子的質量那麼重，也是為什麼像 β 衰變這樣的弱作用反應，在當年看起來與電磁作用如電子－質子散射是如此的不同。

所以呢，BEH 機制應用在電弱對稱性自發破壞，導致 W 與 Z 變重，而希格斯所提出的伴隨的「希格斯玻色子」，正是 2012 年 7 月被 ATLAS 與 CMS 實驗所發現的，也是我們在前面所介紹的人類史詩。那麼，費米子質量產生又是如何被認為也來自希格斯場的真空期望值 υ 呢？如圖所示，費米子 f（包含 q 與 ℓ）的質量 m_f 也是正比於「湯川耦合」常數 λ_f 與真空期望值 υ，看起來與 m_V 還真有一點像。「等等」！你說：「湯川耦合？那不就是我們第二章提過的湯川所提、π 介子與核子的交互作用嗎？」Umm，若你想到這些，算你認真聰明。我們這裡的湯川耦合，是假借名稱，乃是希格斯場（與 π 介子類比）與費米子（與核子類比）的交互作用，但比原來的湯川耦合更根本，因為討論的是基本費米粒子。

這個希格斯場與費米子的交互作用是如何蹦出來的？它與 W/Z 質量產生形似，但似乎又與巧妙的 BEH 機制是兩回事!?這個收納在標準模型裡的費米子質量產生機制，是聰明的溫伯格在 1967 年同一篇文章裡建構出來的。這篇

文章避開了困難的強作用，只討論輕子，但自人類發現夸克與輕子對等後，我們可以像圖裡一般，將 q 與 ℓ 一併討論。試回想第四章，我們提到只有左手性的粒子參與弱作用。換一句話來說，右手性的費米子 f_R 與左手性的費米子 f_L，它們的「弱荷」是不同的，這和不區分左右的電荷與色荷截然不同：左右對稱、即宇稱，在弱作用是百分之百破壞的。所以，像狄拉克電動力學理論裡面連結右手性與左手性費米子的「質量」，會「赤裸的」破壞電弱對稱性，因此是不允許的（也就是說，會使得電弱規範場論無法成立）。但溫伯格指出，引發電弱對稱性自發破壞的希格斯場，可以藉「湯川耦合」自然的連結右手性與左手性費米子，耦合常數是 λ_f。那麼，在希格斯場因產生真空期望值 v 以致引發 SSB 的同時，費米子的質量 m_f 於焉產生！原本為了解決向量玻色子質量問題的 BEH 機制，竟然可輕易解決費米子質量問題，似乎是一個大「紅利」。

但，真是如此嗎？

讓我們來比較[1]一下 $m_v \sim g v$ 與 $m_f \sim \lambda_f v$。首先，g 是規範場論的作用常數，具有堅實的理論基礎。規範場論從原本的電動力學藍本出發，衍生出電弱動力學與色動力學，是人類驚人的發現，也經過實驗精確的驗證。每個規範對稱群（gauge group）就只有一個作用常數。對比之下，基本費米子與希格斯場的湯川耦合 λ_f，雖然是標準模型所容許的，與弱規範作用常數 g 相比，有那麼一點斧鑿

---

1 我們略去了 1/2 等數值係數。

痕跡。而你如果堅持這是標準模型的精妙之處，則（u,c,t）、（d, s, b）、（e, μ, τ），共九個質量，再加上夸克混合的三個旋轉角及一個 CP 破壞相角總共十三個費米子湯川耦合或質量參數，在標準模型約二十個參數裡超過一半，突顯出我們對湯川耦合的根本來源其實不太清楚。我們很難相信自然界會重複多次給出類似的參數，而沒有什麼道理（我們在第三章提過週期表的聯想）。更何況從電子的 0.511 MeV/c^2 質量到頂夸克的 173 GeV/c^2 質量，九個質量涵蓋了六個數量級（參考第三章末了的費米子質量圖）。如果說費米子質量產生是 BEH 機制的大紅利，這紅利也給的太「慷慨」了吧。

但費米子的湯川耦合，作為一種動力學耦合參數，其存在卻又是貨真價實的。我們在各種量子過程裡，包括 B 與 K 介子混合和間接 CP 破壞、稀有 B 與 K 介子衰變、Z 與 W 的精密電弱效應測量，甚至最近的希格斯粒子 H 藉膠子－膠子融合產生，在在確證湯川耦合 λ_f 的真實性，正如溫伯格所引入的。

神之粒子、質量之源，湯川耦合 λ_f 是費米子質量藉真空期望值 υ 產生的係數。但每一個質量就有一個動力參數或作用常數？湯川耦合 λ_f 的根本來源，在標準模型裡仍是一個待解的謎。

希格斯場的本性？

　　自發對稱性破壞SSB的祖師爺，南部先生，並未親臨斯得哥爾摩領 2008 年的諾貝爾獎，但他預備了投影片講稿，交由當年重要合作者猶那-拉細尼歐（Giovanni Jona-Lasinio, 1932 年生）宣讀。讓我們從這個講稿中引用一些南部先生關於費米子質量產生機制與希格斯場本性的意見，希望不只是斷章取義。

　　字裡行間，南部對他自己錯失了明確給出BEH機制，仍感到遺憾。他的對稱性自發破壞的想法，得自所謂的超導體 BCS 理論的啟發。BCS 理論是可依材料的性質作計算的，它的根基概念乃是有些材料中的兩顆電子可藉「聲子」（phonon）交換而形成配對。溫度高時，材料中有太多雜亂的熱聲子擾動破壞配對，但降到足夠低溫，這些熱擾動聲子減少了，奇特的「古柏對」超流體凝結現象出現，就形成超導體。古柏對（Cooper pair）就是前述的e-e配對，兩顆費米子配對成了一顆玻色子，使得原本滿足鮑立不共容原理（Pauli Exclusion Principle）、絕無可能凝結的電子，居然可以發生玻色－愛因斯坦凝結（BEC，或 Bose-Einstein Condensation；相關現象與技術已獲得多次諾貝爾獎，包括朱棣文的），也就是超流體現象，而古柏對帶兩單位電荷，因此古柏對凝結成的超流體，便是超導體。事實上，帶電的古柏對凝結，就是得出「真空期望

值」（「真空」乃系統的最低能量狀態），是破壞電磁對稱性的。南部從場論的角度闡明這樣的自發對稱性破壞，與「赤裸」破壞不同，對稱性仍被產生的無質量粒子、也就是後來所稱的南部－金石玻色子所微妙的維持著。BCS理論獲得 1972 年諾貝爾獎，而南部多年後獲得 2008 年諾貝爾獎。

在闡述了他的得獎洞見以後，南部在他的投影片第 17 頁提出了評論。首先，他說，與 BCS 對稱性自發破壞類似的其他例子，有氦-3 超流體；原子核中的核子配對；標準模型電弱部份的費米子質量產生。然後，關於最後一項，南部[1] 宣稱：「*依我帶著偏見的意見，希格斯場的本性有著其他的解釋。*」讓我們花一些時間來解釋。

南部在這裡是強調了類比於 BCS 理論中古柏對的形成，以致一對費米子轉換為等價的一顆玻色子。氦-3 超流體，望文生義便是氦-3 發生了 BEC 超流體凝結。但，氦-4 原子核有兩顆質子與兩顆中子，因此是玻色子，而因有兩顆電子，所以氦-4 原子果真是玻色子。氦-4 是人類發現的第一個超流體。那麼，電子結構不變，原子核少了一顆中子，氦-3 原子是費米子，不可能做 BEC 凝結的啊！但氦-3 超流體現象的實驗發現、與類比於 BCS 的理論解釋，分別獲得 1996 年與 2003 年諾貝爾獎。基本上，氦-3 原子藉凡德瓦爾力（van der Waals force）配對，在比氦-4 超導溫度

---

1 這裡的斜體字，可是南部自己用的。但他在將諾貝爾講座寫出來的文章裡，這一張投影片的張力淡化掉了。

更低很多的溫度下，氦-3 原子對可以 BEC 凝結。而原子核中的核子配對，則解釋在強大核作用下，兩顆核子配對後，可以降低原子核的能量，因而幫助原子核結構的解釋。這個工作，也是諾貝爾獎級的貢獻，1975 年的相關諾貝爾獎得獎者之一是大師波爾的兒子。

前面三個諾貝爾獎級物理現象的解釋都是以 BCS 理論的古柏對凝結為師。有趣的是，南部將標準模型費米子質量產生歸為同類。這是什麼意思呢？更何況他還撂下一句挑戰「希格斯場的本性」的話。當然，標準模型費米子質量本來就是將左手性與右手性的費米子配對，因此也是配對機制，但這就太望文生義了。但為何南部挑戰希格斯場的本性呢？試回想費米子質量

$$m_f \sim \lambda_f \upsilon$$

是藉由一對左手性與右手性的費米子與希格斯場[1] Φ 作用，當希格斯場產生真空期望值 υ 以致引發 SSB，費米子質量便是 υ 乘以湯川耦合 λ_f 而得（外加除以根號 2）。所以，我個人的體會，南部質疑希格斯場的本性，乃是認為所有已知的「凝結」、或出現真空期望值的 SSB 現象，都是發生在類比於古柏對的費米子配對上，因此自然界的希格斯場，恐怕不是基本純量場，而可能是夸克－反夸克對。因此真空期望值是被「玻色子化」了的夸克－反夸克對的等

---

1 標準模型的希格斯場 Φ 有四個自由度，產生真空期望值的自由度會保留成 H，而其他三個自由度則被 W 與 Z 吸收。

效場凝結所引發，就像古柏對一樣。其實，無論是盎格列與布繞特、或希格斯，因為都受到南部SSB工作的啟發，因此都承認這個費米子－反費米子真空期望值的可能。但目前的主流意識——反映在諾貝爾委員會的頒獎宣言裡——則是將希格斯場 Φ 擺在基本純量場的地位，因此所發現的 126 GeV/c^2 新粒子，自然是基本純量粒子了。

以下我們將略述我們自己的意見與想法，出發點則是運用湯川耦合 λ_f 的真實性，但引入四代[2]夸克 Q，以極強的 λ_Q 引發 Q-反 Q 凝結，作為電弱對稱性自發破壞的機制。說完這些，我們就可以回到「真假聖杯」問題，討論 126 GeV/c^2 新粒子究竟是什麼了。我們的結論，倒不一定會被南部先生接受，但確實是受到他的啟發。

四代夸克散射與「自能」

我推動 Belle 實驗研究在 2008 年到達高峰，開始將研究重心從 Belle 轉移到 CERN 大強子對撞機 LHC 的 CMS 實驗，因為 LHC 預計該年終於要對撞了！我在 2006 年便已替臺大的 CMS 物理分析定下四代夸克搜尋的戰略。當

2　就像前三代每代各有兩顆夸克一樣，四代夸克 Q 也有電荷 +2/3 的 t' 與 −1/3 的 b'，只是就像質子與中子一樣，各樣的間接測量限制這兩顆夸克質量必須幾乎一樣，因此只以 Q 標出即可。這裡 Q 的符號不能與電荷的符號相混。

時我因臺大團隊在 Belle 發現的「B → Kπ直接 CP 破壞差異」所誘導，認為可以是四代夸克藉「Z 企鵝圖」引發的。但將四代夸克搜尋定為戰略，則是因為在當時這是相當非主流的方向，因此在我們並無經驗而比 Belle 艱困得多的 CERN 與 CMS 大環境，競爭阻力不會那麼尖銳。另一方面，雖然冷門，四代夸克在 LHC 其實是一定要探索的課題，而衰變道又多、且牽涉到各種終態粒子，是做大強子對撞機物理絕佳的訓練場。因此我當時引用劉邦在面對包括項羽在內的中原逐鹿大軍壓力下，初期退居漢中，最終得天下的比喻，稱這個方案為「漢中策略」。

在 2007 到 2008 年左右，我一方面開始把人員往日內瓦送，因此經歷遠距作戰導致水土不服的折損，另一方面重新學習四代夸克的相關課題，特別是我比較不熟悉的強子對撞機物理。我原本就知道在 1990 年前後，南部因頂夸克越來越重，重新思考以 t－反 t 凝結作為電弱對稱性自發破壞的動力源。頂夸克後來發現時質量不夠大、因此其湯川耦合 λ_t 不夠強，但這個想法仍有不少人後續追尋著。2006 年起，有幾組人提出以四代夸克凝結來達到南部當年的構想。這樣的想法，自 2008 年起大大吸引了我的興趣。因為南部以及差不多所有其他跟隨者的思考與討論，用的都是當年他與猶那-拉細尼歐的所謂「NJL 模型」（Nambu － Jona-Lasinio model），因此我原本的思考模式也離不了這樣的框架。

四代夸克的一個課題，是所謂的高質量么正上限 unitarity bound，就是在 m_Q 大過約 550 GeV/c^2 左右、亦即頂夸

克質量的約 3.2 倍時，「低階」Q 反 Q → Q 反 Q（或 QQ → QQ）散射震幅在高能極限會發散。這並不是說這樣的質量是不容許的，乃是多少反映所謂的湯川耦合 λ_Q 已進入強作用的範疇，不能只考慮低階散射振幅。很顯然，這個么正上限對應的強 λ_Q 作用，與可能的 Q-反 Q 凝結應當是相關的。因此我對么正上限與 Q-反 Q 散射（如圖左上所示）的關係很感興趣，開始問問題，並做理論探討。特別是在 2008 年 9 月 LHC 因發生意外而停擺一年的時候，因為眼巴巴看著費米實驗室的四代夸克質量下限不斷上修，自 2009 年起，我更加琢磨這個么正上限與 Q-反 Q 散射問題。

么正上限當然來自交換所謂的縱向偏極向量玻色子 V_L（「縱向」為 longitudinal，因此下標為 L，同理，「橫向」為 transverse，因此用 T），也就是被「吃掉」了的南部－金石玻色子 G。既然 G 是因電弱對稱性自發破壞變成無質量，而與橫向偏極向量玻色子 V_T「共舞」、即 G 成為 V 的縱向偏極 V_L 以致產生 m_V，所以南部－金石玻色子當然與重夸克有湯川耦合 λ_Q，因此在 m_Q 很重的情形下，出現么正上限，因為 λ_Q 隨 m_Q 增加，走向強作用。這是通常的標準模型思維，把希格斯場當作「既定的事實」。但我當時反向思考，認為物理學的大傳統乃是以觀測為依據，而希格斯粒子當時尚未觀測到。我們已知的是什麼呢？藉 1990 年代的 LEP 電弱精密測量，我們已藉實驗直接確立 SU(2) × U(1) 電弱規範場論的動力學，但同時又知道傳遞弱作用的向量玻色子 V 乃是很重的，因此這個規範

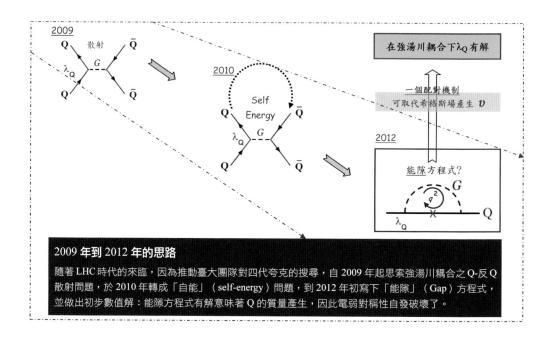

2009 年到 2012 年的思路

隨著 LHC 時代的來臨，因為推動臺大團隊對四代夸克的搜尋，自 2009 年起思索強湯川耦合之 Q-反 Q 散射問題，於 2010 年轉成「自能」（self-energy）問題，到 2012 年初寫下「能隙」（Gap）方程式，並做出初步數值解：能隙方程式有解意味著 Q 的質量產生，因此電弱對稱性自發破壞了。

場論必須是自發破壞的。我於是論證說，既然實驗已經知道 V 與夸克的交互作用形式，而我們也知道 V 與夸克都是帶質量的，我們可從縱向偏極向量玻色子 V_L 與夸克的交互作用形式，運用狄拉克方程式作少許運算，得到等效的南部－金石玻色子 G 與夸克的交互作用形式，正是標準模型裡熟悉的湯川耦合。妙的是，向量玻色子 V，無論是橫向的 V_T 或縱向的 V_L，其與夸克的交互作用，在形式上都確實只有左手性夸克參與（宇稱百分之百不守恆，第四章）。然而，在我們這個夸克與向量玻色子均有質量的真實世界裡，運用熟悉的狄拉克方程式，竟得到同時有左手性與右手性夸克參與的南部－金石玻色子 G 與夸克的交互作用。這個等效湯川耦合，藏在已經直接由實驗證實的向

量玻色子 V 與夸克的交互作用裡。

上面的論證，發生在 2009 年夏初。重點是，我的論證沒有用到希格斯場，便從已知的夸克與向量玻色子的規範耦合，推論出南部－金石玻色子的湯川耦合！而既然有人認為重四代夸克 Q 的凝結可以引發電弱對稱性自發破壞，我便開始質疑究竟還需不需要希格斯場。可是，對於么正上限問題，自 2009 年後半起，我有了一個新的迷惑。么正上限問題既然是藉交換 V_L 或 G 所引發，在傳遞的動量 q 遠遠大於 $m_V \sim 80 \ GeV/c^2$ 時，m_V 已然微不足道，類比於當年，也就是湯川的 π 介子質量 m_π 在散射過程中微不足道。因此，媒介么正上限問題的 G 交換，在 m_Q 很大的情形下其實是一個相對長程的作用力，與人們（自南部以降）通常所用的 NJL 模型的所謂「接觸作用」（contact interaction）形式並不相同。然而四代夸克凝結的討論，多半從 NJL 模型出發，因此我從 2009 年到 2010 年，幾乎逢人就問人家對這個觀察的想法，但多半的人大概都不知道我在問什麼。

2010 年夏，在赴巴黎參加當年的國際高能物理 ICHEP 大會前，路過慕尼黑技術大學時，與一位舊識、比我年輕的西班牙理論物理學家同一辦公室，我當然又在黑板上畫起圖來（如圖左上），解釋並詢問我的老問題。但也許是我已問了相同問題多次，也許是因為我凝視著在黑板上畫的散射圖，突然（我在討論時腦筋動的最快）我將左邊的 Q 連線到右邊的反 Q，如中圖的圓弧形點線一般，然後驚呼：「原來這個 Q-反 Q 的散射其實也是個 Q 夸克的自能

問題！」首先，要知道順著 Q 的箭頭連到反 Q 的同向箭頭，在所謂的蕃蔓（我們在第二章的戲謔翻譯，通常譯為范曼或費因曼）圖[1]裡是可允許的，使 Q 的帶箭頭黑線與 G 的虛線形成一個所謂的「圈圖」。而我知道「自能」（self energy）若可自恰的得出數值、亦即將整個圈圖以一個叉（x）取代而該數值不為零的話，是可提供 Q 以質量的。這樣的語句，你當然不好懂，但對我而言，我過去的經驗讓我對問題有了進一步的體會。

強湯川耦合與對稱性自發破壞

在 2010 到 2011 年時，對四代夸克的直接搜尋在CMS 與 ATLAS 實驗如火如荼的進行，臺大團隊在陳凱風教授主領下在 CMS 是領頭羊，也領先 ATLAS 實驗。因為有自 2008 年以來在費米實驗室的實驗徵兆，我當時對 B_s 系統（由 b 與反 s 夸克構成之介子與反介子）的超越標準模型 CP 破壞特別感興趣，因為這與第五章通天的 CP 破壞有

---

1 照粒子物理與場論的「蕃蔓規則」（Feynman rules），費米子的「線」帶箭頭，箭頭若與時間的方向相反則為反粒子，因此圖中的散射是把時間當作向上，所以是 Q-反 Q 的散射。然而，當我們的思路演進到右下圖的能隙方程式時，則時間又好像向右進行了。這個轉變，可從中圖的點線相連、以致於左邊的箭頭似乎一路連到右邊的箭頭，則應有相同的時間方向，因為同一顆粒子不能轉向。在蕃蔓圖裡，時間的方向卻是可以隨意詮釋的。

關。也因這些因素的匯集，四代夸克成了准顯學，感興趣與投入的人越來越多。除了 B_s 系統的CP破壞，我對Q-反Q散射的興趣，因著等價於束縛態的探討，因此我帶領幾名博士後探討極強湯川偶合下的相對論性束縛態。這是沒有正規方法可以解的，只能做近似與定性的討論，顯出探討逼近么正上限強湯川偶合時的困難。我從這個探討獲得一些啟發，注意到 Q-反 Q 束縛態在「贗純量」（pseudo-scalar）的量子數，是可因巨大吸引力「崩塌」成所謂的超光速粒子 tachyon 即「快子」的。當然，沒有超光速粒子的存在，因此快子的出現，意味著動力系統進入了另一個「相」，要換一個基底來討論了；這樣的相的轉變，與我們感興趣的自發對稱性破壞是有親密關聯的。另一方面，最易崩塌的贗純量束縛態，其量子數 0^- 正好是南部－金石玻色子G的量子數，給我一個感覺：崩塌的極限，不就是南部－金石玻色子麼？我感覺對電弱對稱自發破壞問題，看到了曙光與契機。討論至此，我一串叨叨絮絮的用意，是讓讀者理解研究者如何徜徉在探索的世界裡，追尋的是滿足好奇，不帶其他目的。

2011 年暑假，LHC 專作「味」物理測量的LHCb實驗將所有的 B_s 系統新物理徵兆全都「殺光」了，一切回歸標準三代模型。但我知道這不影響第五章所講的 CP 破壞暴漲，因此失望之餘，也不以為意，反倒更專心於強湯川偶合的電弱對稱自發破壞問題。因我在組裡多次的討論，手下資深的日籍副研究員御村幸宏主動找我，表達對問題的興趣，讓我喜出望外。2011 年底，雖然一些國際四代同

好、友人，因希格斯粒子的徵兆在 125 GeV/c² 左右出現而失去信心，我則仍不以為意。這是因為在 7 月份看到 140 餘 GeV/c² 附近的徵兆，在 8 月份增加數據後又淹沒了；我在 B 工廠看多了這個、那個徵兆的出現，絕大多數都會消失的。因此我繼續向我的目標邁進，於 12 月及 2012 年 1 月在臺大召開小型工作坊，推動接近或超越么正上限的四代夸克理論與實驗研究。

其實 2011 年暑假的數據令實驗工作者感到迷惘與徬徨，因為似乎沒有任何的新物理冒出來；即便 125 GeV/c² 的希格斯粒子徵兆，也是符合標準模型預期的。對不同類型的新粒子，當時的標語，可說是（下限為）「1-2-3 TeV/c²，沒有新物理」，即 1,000 到 3,000 GeV/c²，不要說不見超對稱（supersymmetry），啥也沒有。四代夸克的實驗下限較低，卻也突破了么正上限，但綜合而言，沒有新物理讓我能清楚寫出「能隙」方程式；能隙（Energy Gap）是用凝態物理的語言，在這裡的意思是，若能隙方程式能給出不為零的解，便表示費米子的質量藉能隙方程式自發產生出來。

讓我們先來解釋為何沒有新物理是一個重要新資訊。前文說到「Q－反 Q 散射其實也是 Q 夸克的自能問題」，在左上圖交換 G 的散射，G 可傳遞各種動量 q。在中間的「圈」圖裡，這表示各種的 q 可在「圈」裡傳遞一圈，所以根據量子場論，所有傳遞的動量都要一一加、也就是積分起來。但這個對 q 的積分，究竟要積到多大的 q 值呢？這是我在 2010 年注意到形式上的能隙方程式，卻無法後續

的原因。但到了 2011 年夏季之後，因為「1-2-3 TeV/c²，沒有新物理」，而 Q 夸克看來也重逾 600 GeV/c² 以上，我們可以設一個自恰的原則，就是要藉能隙方程式產生 Q 夸克的質量 m_Q，那麼 q^2 不能超過 $(2m_Q)^2$，若對 q 的積分在這值範圍內，那麼實驗告訴我們不需要考慮其他的新物理。而 G 與 Q 的交互作用具有最強的 λ_Q 作用參數，忽略其他包括 QCD 的次要項貢獻是合理的。因此我們在右下圖擺了一個 q^2，周圍圈一個箭頭，表示圈圖的 q^2 必須積分起來，而這個圈圖積分若自恰的產生圈圖內 Q 夸克的「x」、即自能，便是質量自發產生的道理。

我在 2012 年 1 月將能隙方程式的構想，並南部－金石玻色子 G 即是 Q-反 Q 的崩塌束縛態猜想，訴諸文字，為了避免任何囉唆，發表在中華民過物理學會的學刊。附帶一提，這個能隙方程式的形式叫做「階梯近似」，雖是近似，卻是非微擾的。而隱藏的自恰假設，則是圈圖中的南部－金石玻色子 G，其無質量是被能隙方程式有解——質量產生、因此對稱性自發破壞——所自恰地擔保的！

那麼能隙方程式能得到非零的解麼？感謝御村博士的投入，細讀了一些我蒐集的文獻，也自己找了一些、特別是日本的文獻（包括益川先生的），使得能隙方程式尋求解能夠穩健的進行；我們的能隙方程式在形式上與所謂的「強 QED」有類同之處，但原本 Q 夸克無質量（x 為零的「無聊」解）來自電弱規範不變性，比強 QED 將質量「用手」（by hand）設定為零來得自然。不同的是，強 QED 方程式以光子 γ 取代我們的南部－金石玻色子 G，但可「定

規」（fix gauge）化簡成一元積分方程式。在我們的情形，則必須面對二元積分方程組，最後數值求解。2012 年 3 月我去德國開相關會議前，與御村和另一位年輕日籍博士後碰面，我直問御村：「你認為這個方程式能夠提供電弱對稱破壞的機制嗎？」他愣了半秒，然後點頭稱是。我大喜，因為他的主題研究背景十多年來是超對稱大統一場論，與這個強作用、非微擾對稱破壞的機制是不相調和的。因此，有他的認可，表示這個機制可是玩真的了！我對自己的研究，將現象學與實驗配合發展，竟然能夠碰觸到電弱對稱自發破壞這樣大的題目，感到自豪與興奮。

　　有這樣的了解，到把文章寫出來，又花了兩個月，然後事情就急轉直下。我記得 6 月 15 日我在新竹的國家理論科學中心給這個題目的演講，信誓旦旦的說這個能隙方程式可以在極大的 $\lambda_Q \sim 4\pi$ 湯川耦合之下，自發產生 m_Q，而完全不提希格斯粒子 H，言下之意，是 H 不會出現了。聆聽的清華大學學者面帶姑妄聽之的表情，而我言猶在耳，當晚就收到陳凱風教授從 CERN 寄給臺大高能組教授們的電子郵件，說：「哦，希格斯粒子在 126 GeV/c^2 確認了！」這個晴天霹靂，我簡直不敢相信我的眼睛。而妙的是，因我數月以來越來越堅信走在對的路上，我甚至於忘了、還是沒注意到 CMS 的希格斯粒子分析在 6 月 15 日「開箱」！我的世界崩盤了，因為我們檢驗過，不只是在我的出發點的概念上不需要輕的希格斯粒子，而且如果把它放到能隙方程式裡面，得到的 m_Q 會失控般的變大得多。因此在操作上，我們的方程式也是不允許輕的希格斯粒子

的出現的；我們的方程式不排除極重的希格斯粒子，而希格斯粒子極重，在概念上也與極強湯川耦合的存在相調和。當時我們的文章已經寫完，在做最後校定，CMS的結果還沒公布，而我們還不知道 ATLAS 的結果，我們將文章在 6 月底上傳 arXiv，並投遞 JHEP 期刊。

　　無論如何，即便希格斯粒子出現，我們的能隙方程式有解、可以自發產生 m_Q，仍有數學物理上的意義。但那不是我們的目的啊！我們要的是上蒼的認可與採用，而在物理上，我們達到了可取代希格斯場產生真空期望值 υ 的任務，用的正是南部先生所預示的費米子配對機制：替代 υ 的，乃是 Q-反 Q 的真空期望值。但是，到了 7 月 4 日在澳洲墨爾本舉行的 ICHEP 高能大會，ATLAS 與 CMS 的發言人在 CERN 總主任主持下，與墨爾本視訊連線，向全世界宣布「發現似希格斯粒子」，我的臉就有如下圖一般，因為輕的希格斯粒子 H，如前述與四代夸克 Q 有嚴重矛

「教皇」會見「神」

2012 年 7 月 4 日宣布發現的 CERN 會場，ATLAS 實驗發言人賈娜蒂向希格斯致意，而「心靈枯乾」的我如側圖。（圖片來源：由 http://www.csmonitor.com/Science/2012/0706/Higgs-boson-So-who-is-getting-the-Nobel 知道是來自 AP Photo/Denis Balibouse, Pool. http://www.imagenes-ydibujosparaimprimir.com/2012/02/dibujos-caras-tristes-para-imprimir.html）

盾。在會場，幾乎每個朋友見到我都會跟我說：「George，四代夸克沒了！」

而我與御村的文章，則拖了一年多才終於在 JHEP 刊登出來。

真假聖杯與四代夸克的追尋

我們提到過，ATLAS 實驗發言人賈娜蒂獲選時代雜誌 2012 年第五大風雲人物，而時代雜誌也刊出了一張以她為封面的側面照，身穿 7 月 4 日在 CERN 宣布發現時所穿的紅衣，一直讓我覺得有若「紅衣主教」。而希格斯先生若是「神之粒子」的發明者，那麼戲稱他為「神」也不為過了。因此我常在演講中戲稱上面的照片為歷史性的「主教會見神」（或晉級為「教皇會見神」更傳神），果然是大事了！一年多以後，希格斯與盎格列獲獎，實至名歸，因為希格斯粒子的搜尋與 126 GeV/c^2 粒子的發現，是人類成就的新高峰，也絕對突顯了 BEH 機制的深刻洞察。

我從 6 月 15 深夜以來的徬徨，經過 ATLAS 與 CMS 結果的互相證實，原來還抱著一線希望（數據彼此出現矛盾）的心情跌落谷底，不只是圖右側的苦臉所能表達而已。ICHEP 大會中，有理論講員打出[1]「R.I.P.：1979-2012

---

1 R.I.P.乃是「安息罷」的英文縮寫，而「特藝色」或 Technicolor 模型，則是仿照 QCD、但把 QCD 引發的手徵對稱性破壞（第二章關於南部的部分）的尺度放大二千倍的「類 QCD」強作用，用以解釋電弱對稱性自發破壞的機制。

特藝色模型」、並通用於所有的「無希格斯模型」，雖然沒提，當然就包括我們的四代夸克強湯川耦合機制了。如前述，我們的機制裡希格斯粒子當很重，而很重的希格斯粒子應當有非常大的衰變「寬度」，表示它的質量不確定性大到與質量本身相當，因此根本不會再以正常粒子的型態出現，有若QCD強作用裡的「純量強子」。但既然「無希格斯模型」已壽終正寢，該講員既而詼諧的提醒「復活」的可能：「不是不能想像在無希格斯模型裡出現伸展子dilaton的可能」。他又繼續說明「伸展子乃是尺度（或伸展）不變性自發破壞的金石粒子」，因為「它的各種耦合與希格斯粒子一樣，只差一個總體係數，因此是可以冒充希格斯粒子的」。其實我在之前一、兩年，便已知道有一些理論家已在事前寫論文打預防針，說到出現冒牌希格斯粒子——伸展子的可能，因此我也收集了一些文章備用。在我們的能隙方程式數值解的文章裡面，我們也說明輕的希格斯粒子會將 m_Q 爆掉，但伸展子的影響則小得多，在數值解而言，是自恰而可接受的。可是討論歸討論，人性不能改。以我與實驗走得近的秉性，心中直覺的認為所謂「尺度不變性自發破壞的金石粒子」、即伸展子，乃是理論家玩的高深玩意兒，不屬真實世界。所以，作為現象學理論家兼 CMS 實驗成員，我「無法相信我們就在當下看到的乃是伸展子」，這是我在許多演講中公開說的話。因此，我的苦臉（其實苦的是心）更如圖所示。我如行屍走肉，類憂鬱症從暑假期間一直延續到 11 月。要知道，拔的高、摔得重。我在 2012 年前半太興奮、太得意了，真心

認為輕的希格斯粒子是篤定不會出現的（屆時會有重大勝利……）。2011年底已現徵兆的126 GeV/c² 粒子被確認，心中的極大失落，難以言傳。

　　雖然有希格斯粒子與伸展子的真假聖杯問題，但捫心自問，實在無法認同人類尋找希格斯粒子，卻發現了伸展子。但我的觀感，到11月底參加在京都舉行的HCP強子對撞機物理國際會議，有了轉變。在該會中，純粹根據AT-LAS與CMS增加的實驗數據，可以看出來，產生希格斯粒子的所謂「向量玻色子融合」VBF（vector boson fusion）次要過程，以LHC在 2011－2012 所擷取的數據量，是不足以獨立證實希格斯粒子的。ATLAS與CMS發現了126 GeV/c² 粒子無誤，但兩個發現的管道，都是來自所謂的膠子－膠子融合（gluon-gluon fusion）過程，然後分別衰變到四顆帶電輕子（4ℓ，以ZZ* 為中間過程，即有一顆Z是以所謂「虛粒子」形式暫時出現的，因為 126 GeV/c² 比兩顆Z粒子加起來質量輕）、或雙光子 γγ，亦即前者是 gg → H → ZZ*，後者是 gg → H → γγ。但 gg → H 的產生過程牽涉到圈圖，是量子過程，可受未知的新的重粒子影響，H → γγ 的衰變亦然。因此，2012年7月的發現，牽涉到十分複雜的物理過程。而眾所周知，要確認所發現的確實是希格斯粒子H，我們必須確認它是向量玻色子質量之源，而這必須藉由VBF過程、即 VV → H 的產生截面與標準模型的預期一致，才算完成，這是希格斯老先生在1964年教我們的。但從京都HCP會議中ATLAS與CMS實驗所公布的新數據資料顯示，既使再加入剩餘的所有

2011−2012 數據，也無法使 VBF 測量的可信度達到公認的確認標準，因此這個工作，還有待進一步的更大量數據，才能進行。但 LHC 自 2013 年初進入關機狀態維修，預期到 2015 年以 13 TeV 的新對撞能量重新運轉，還有得等呢。

　　自這個看見之後，我的實證主義（物理乃實驗科學）精神抬頭，確實認為伸展子的可能必須由實驗來排除，而強湯川耦合的確能提供另一種電弱對稱破壞機制，因此有可能將 126 GeV/c^2 粒子的單一發現，轉成伸展子加強湯川耦合的更大「贏面」，將是非同小可的雙重發現。自 2012 年 12 月起，我在世界各地大聲疾呼、包括在國內的臺大、中研院、清大、交大，但面對極強的主流意識，眾口鑠金之下，這個理念似乎推不出去。而說實在的，一方面也因為推動的困難，我在 2012 年 6、7 月受驚導致的准憂鬱症，仍然如影隨形，直到如今。

　　臺大高能組在四代夸克的搜尋，得到了很好的成果，在 CMS 實驗也公認是我們帶進的課題。陳凱風也很成功的擴大戰果，領先開發了「似向量」（vector-like）夸克的 T → tZ，又擴展到頂夸克激發態等等。但自 126 GeV/c^2「希格斯粒子」出現以後，極重夸克的搜尋，已轉成大部隊協調作戰的似向量夸克搜尋，陳凱風與我都開始有一點意態闌珊，因為我們的心態比較像冒險家與發現者。其實，我在 2012 年 1 到 4 月有另外一個洞察，源自詢問：「若四代夸克超過么正上限，擁有極強湯川耦合，它的搜尋方式要不要改變？」到目前為止的框架，乃是將產生與

衰變過程加以區隔：藉 QCD 產生 Q-反 Q 對，Q 與反 Q 再分別的自由衰變。若 Q 真的很重，如今已超越么正上限（目前已超過約 $700\,\mathrm{GeV/c^2}$），那麼 QCD 產生 Q-反 Q 對不成問題，但產生之後，Q 與反 Q 之間可以彼此感受極強的湯川耦合 λ_Q 的作用。一方面，這是一個束縛態形成的問題，另一方面，似乎 Q 與反 Q 要分別的「自由衰變」，可能不那麼容易了。我想到了老祖宗的湯川耦合，λ_p，即湯川本人當年提出的質子介子 p-π 耦合，印象也是大於 10 的強度。因此我在 2012 年 1 月在臺大的工作坊裡問眾人，也是問自己：「質子與反質子如何相互湮滅？」我自己推論出了答案：湮滅成一堆 π 介子。循著這條線，閱讀文獻，我發現 Q-G 系統與 N-π 系統（核子 N 形成偶對與 Q 偶對非常類比）十分相似，因而推論在我們的能隙方程式 λ_Q 約 4π（λ_p 也是約 4π）的情形，類比於 N-反 N 湮滅，Q-反 Q 當會湮滅成十顆或更多的 G、亦即 V_L，若能偵測，將是非常壯觀的。而因為束縛態的質量當比 $2m_Q$ 低，有可能佐以共振增強產生截面，因此這樣的搜尋特徵是可以期待的。只可惜這個看見，目前「有行無市」。

我想，我越說越像是火星人在說話，也不知道有沒有人閱讀至此……。但自然科學，是就是是。就留待來日印證吧！讓我們喘口氣，回到地球人的世界，為本書做一個總結。

柒、結論與展望

> 這是最好的時代，這是最壞的時代；
> 這是智慧的年代，這是愚昧的年代；
> 這是相信的時刻，這是懷疑的時刻；
> 這是光明的季節，這是黑暗的季節；
> 這是希望的春天，這是絕望的冬天；
> ⋯⋯
>
> 狄更斯《雙城記》

「我們從哪裡來的？」「我們身處宇宙之中，那宇宙是從哪來的？」這一類「起源」的問題深深抓住探索者、思索者的我們。事實上，人類在這個宇宙中能出現成為探索者、思索者，追問這些問題，本身就是最大的奧秘。

我們介紹了宇宙的物質起源，倒推回去，探討了反物質的消失，發現還需要更大得多的 CP 破壞。這個 CP 破壞，可由四代夸克解決，而極重的四代夸克甚至可能導致「電弱作用自發破壞」。但關於後者，2012 年新粒子的重大發現、2013 年的諾貝爾物理獎均指向不會有第四代夸克了。若然，則夸克只是「龍套」演員，與宇宙起源的關連相當有限，因為夸克既不提供足夠的 CP 破壞來解釋反物質的消失，從夸克到質子、中子的 QCD 相變又如過水無痕⋯⋯

夸克終究和宇宙起源有多大關聯？

　　當初臺大李校長邀請我給 2013 年度臺大－中研院合辦的「錢思亮紀念演講」，我正在為《科學人》雜誌撰寫〈四代夸克的追尋〉一文。該文在 2013 年 1 月登出，《科學人》總編輯的話 稱此文是該期最精彩的，並寫道：「……臺灣大學物理系的侯維恕時而興奮於他東方哲學式的選題策略和引領風潮，時而沮喪於時不我予的挫敗，結語則是勵志式的樂觀。」我在 2 月號的《科學人》以作者來函方式回應：「科學，特別是物理，是以事實為根基，而不能停在『確認我們的預期』，或者說，關鍵就在這個「確認」有多確切。我們不但要確認所看到的確實是標準模型希格斯粒子，我們還要確實排除它是伸展子的可能性。目前，且在 2015 年前，我們並沒有到達這個地步。」我想前面兩章應當能讓讀者有身歷其境的感受，而本書也可以說是這一篇《科學人》文章的延續與擴大版。不論是 2013 年初，或是一直到現在，我都沒有放棄四代夸克。就算是「勵志式的樂觀」吧，我有一股執著，相信這樣的執著，也是許多科學家的秉性。而說真的，從 Belle 實驗較「居家舒適」的環境，換跑道到遙遠而競爭激烈的「北大西洋」CMS 實驗環境，能因四代夸克的追尋，受引領一探電弱對稱性自發破壞的堂奧，甚且登堂入室，做到當代的大問題，深懷感恩。這已然超過我歷來的夢想了。

　　2013 年 2 月 4 日這一期的《時代雜誌》亞洲版刊登了 "The Rewards of Mastering Risk"（即〈掌握風險的回

報〉）一文，報導了在瑞士達沃斯（Davos）世界經濟論壇架構下、由時代雜誌邀集六位執行長與教授所舉行的討論會，主題是不確定性、創新與領導。其中最得我心的是網路系統硬體公司 Cisco 董事長兼執行長錢伯斯（John Chambers）的幾段話，讀起來就好像是對我說的一樣。因為當時金融危機已五年卻仍不見好轉，因此世界經濟論壇的常用字正是不確定性。也算是對我自己作為臺大高能組推動者的激勵，並第五與第六章所揭櫫的議題的結論，容我節錄[1] 錢伯斯對時代雜誌各論題的回應如下：

---

1 因與我們主旨較無關，未錄一段關於擴大競爭的話。

- 風險中的領導

「……你如果在〔競爭〕環境中而不願擔當風險、不推動創新，很快的你就會被拋到後頭。」

「〔公司〕最佳獲益的時機，乃是諸事確實不順，而你願意逆勢而為。」

- **尋找創新的空間**

「〔公司〕取勝的方法乃是做五年、十年的規劃思考；只考慮一、兩年〔的公司〕終會遇上麻煩。」

- **悲觀的理由**

「〔關於這一點〕我認為正好相反……」

- **創新的障礙**

「如果有什麼事情對你的公司、你的大學、你的國家可以真正造成差別，而你沒有下手做乃是因為你害怕創新或害怕失敗，去做就對了。這就是領導。」

　　從我寫《科學人》文章以來，一直覺得要將在第六章所描述的論題做更清楚的論述，因此不斷用類似錢伯斯的話給自己打氣。但拖了一年了，還是沒寫出來。為什麼？因為害怕舉世同儕的認定，因為幾乎所有的人都已接受所發現的 126 GeV/c^2 粒子就是希格斯粒子，正如 2013 年諾貝爾獎所引用的得獎理由。當然，自己心裡也擺脫不了 2012 年 7 月得知 126 GeV/c^2 新粒子出現的震撼，以及對該粒子會是「伸展子」的難以置信——不相信（incredulity，狄更斯用字）！雖然我經由理性分析，做成決定——伸展子乃是一個需要實驗驗證的問題——但我仍下不了手、做

出那能「真正造成差別」的行動。

　　但大強子對撞機的真聖杯，其實並不是希格斯粒子本身，乃是要確立電弱作用對稱性自發破壞之源，好讓我們再往下走。四代能隙方程式有不為零的解，表示可替代希格斯場作為BEH（布繞特－盎格列－希格斯）機制。若大自然採用，則 126 GeV/c^2 質量的粒子當是所謂的伸展子！這個議題太大了，雖然成就的機率不高──但絕非零。126 GeV/c^2 粒子確實「完滿地」通過鴨子測試，但這是有若哥倫布究竟是發現了到舊大陸（印度）的新航路、還是發現了新大陸的重大問題。2013 年，我在國內、外把脖子伸出去（伸「斬」子），論述「重夸克－反夸克凝結 + 126 GeV/c^2 伸展子」的真實可能。

　　如果我所述說的成真，對將來有什麼展望呢？首先，我們不能忘記若四代夸克存在，則其所提供的 CP 破壞可「通天」，亦即可能解決宇宙初始的反物質消失、而殘餘的物質成就了我們，因為僅有三代夸克是不夠的。當然，沙卡洛夫的第三條件──偏離熱平衡──仍有待解決，但或許極強的四代夸克湯川耦合可提供辦法。就是這樣的極強耦合導致特重四代夸克配對而凝結，以致可產生 υ，亦即替代希格斯場成為電弱對稱自發破壞的源頭。而若這是大自然所採用的辦法，那麼所發現的 126 GeV/c^2 粒子便應是所謂的伸展子，將是一箭雙雕的兩樁大發現。Too good to be true？誠然！但因為 υ 的源頭很有可能與緊接宇宙大爆炸之後的「暴漲」（inflation）有關，我們的「夸克與宇宙起源」論題就不只是涵蓋反物質消失之謎，也關係到宇

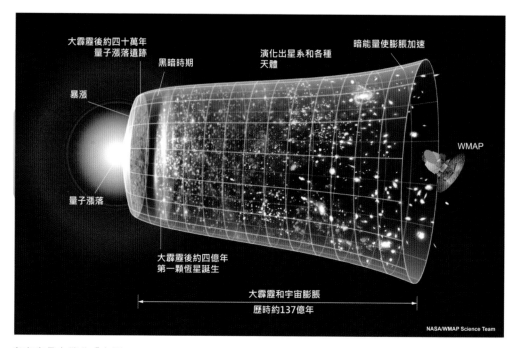

大霹靂後約四十萬年
量子漲落遺跡

黑暗時期

暴漲

量子漲落

演化出星系和各種
天體

暗能量使膨脹加速

WMAP

大霹靂後約四億年
第一顆恆星誕生

大霹靂和宇宙膨脹
歷時約137億年

NASA/WMAP Science Team

宇宙自最左邊的「大爆炸」亮點出發，經過最初期的暴漲（inflation），然後進入宇宙膨脹期，直到過去幾十億年又開始出現神秘的加速膨脹。加速膨脹背後的暗能量（dark energy），好似暴漲的餘續，是否會與四代夸克相關呢？〔圖中的 WMAP 宇宙背景探測器已被 PLANCK 取代〕
（圖片來源：NASA）

宙更早的起源了。如果能容許我們做更猜測性的討論，那麼伸展子的發現說不定與宇宙在過去幾十億年重新加速（2011 年諾貝爾獎）背後的「暗能量」有關。因此，極強四代夸克湯川耦合有可能牽涉到電弱對稱破壞、CP 破壞、暴漲與暗能量……當然，我說得太遠了。或許幾年之後四代夸克終於可以宣告死透了。

　　夸克與宇宙起源究竟有多深刻的關聯？是 Higgs 或不是 Higgs 粒子（To Higgs or Not to Higgs）……抑伸展子＋四代？我們唯有繼續研究，等候 LHC 在 2015 年重新以更高能量啟動運轉。

附錄一：鍥而不舍的精神典範[1]

前言：

教課時，學到一些教訓與啟示，說來與大家分享。

中子與查兌克：

大家都熟知 1932 年查兌克（Chadwick）發現中子。但是，可能因為太熟悉了，我們容易忘記這發現的重要性。它提供了開解原子核結構的鎖鑰。1935 年，對中子的理解已塵埃落定，查兌克獲得諾貝爾物理獎。得獎著作，基本上是長僅一頁的論文。而據查兌克自述，這是「數日全力以赴地工作」的成果！

讓我們進一步來瞭解事情的前後經過。1930 年中，Bothe 與 Becker 觀察到鈹受 α-射線照射後，發射異常的、類似 γ-射線之輻射線，由其能量，推斷必是來自原子核。1932 年 1 月 28 日居禮夫人的女兒 Irene 並夫婿 Joliot 寄出論文，指出這種「似 γ-射線」能量為 50 MeV，遠高於一般所觀察到的核反應能量範圍。在 2 月 22 日的後續通訊中，他們提出「電磁輻射與物質間之新作用」來解釋質子釋出的現象。看來的確是一樁不小的發現。

---

[1] 此文最早刊登於臺灣大學物理系的《時空》學生期刊，而後於中華民國物理學會《物理雙月刊》登出。

可惜，他們跟隨 Bothe 與 Becker 所作的 γ-射線假設並不正確。當 Curie 與 Joliot 於 1 月 28 日寄出的通訊到達拉塞福所主持的凱文迪施實驗室後，查兌克立刻著手實驗。他與拉塞福都不相信 Joliot 夫婦的結論。2 月 17 日，在 Joliot 夫婦提出「新作用」假說之前，查兌克為文論証 α-Be 反應為：

$$\alpha + Be \longrightarrow C + n,$$

m_n 大約等於 m_p，就此名垂不朽。

教訓：

　　我因此對學生說，作研究「爭」的就是那白紙黑字的「第一」——最早見人之所未見。查兌克就是眼明手快，即知即行，藉一頁的論文功成名就，看了真是爽快，令人欽羨。Joliot 夫婦則因為循錯了線，到手的鴨子飛掉了，被人搶走了，似乎「功虧一簣」。雖在課中我一再強調不能忽視 Joliot 夫婦之貢獻，但言下之意，總有一點嘲諷的味道。

第二回合：一舉成名乎？

　　當我因著好奇，拿起一本 A. Pais 所著的 Inward Bound 翻讀，方才更進一步了解真正的前因與後果。首先，查兌克是眼明手快沒有錯，但他的一頁文章絕非僅是神來之筆。我們多少都聽過，作研究（或從事任何創新事務）大致不外是「在恰當的時機置身於恰當的地點」。查兌克從很早便在拉塞福手下，受其薰陶與調教。而「中子」的初

始想法（與後來發現的中子性質並不完全一樣；這才叫發現，對吧！），早在 1920 年就為拉塞福所醞釀著。因此，查兌克可說找中子已找了十二年，各種方法都試過了。1932 年 1 月 Joliot 夫婦的通訊對查兌克來說，其刺激「有若電擊」。因此，看似得來不費功夫（數日之勤奮），其實他的確是恰當人選。作研究萬不可心存僥倖！

第三回合：功虧一簣乎？

　　放射性研究貢獻最大的兩位當推拉塞福與居禮夫人。Joliot 夫婦身在居禮夫人所創立、主持的「鐳研究所」，其中一位並是居禮夫人之長女，自幼與母親合作研究。我進一步閱讀，赫然發現，果然是名門之後，大家風範，太被我的小心眼所看小了！

　　雖然我自己的研究無法相提並論，但個人的例子是：當自己的結果為他人所「發揚」，或想走的路被別人搶先了，我的心便莫名的會轉離，心中多少產生些情結的糾纏。這樣子另起爐灶的心雖是有它的功能與原因，但我心裡卻也知道，輕言放棄並不是最明智的。Joliot 夫婦的情況如何呢？照我自己心態來推想，當他們得知查兌克的發現，理解自己與命運「擦肩而過」時，必定悲憤萬分，說不定把儀器都砸了，幹起他樣的研究。或者，傷痛之餘，跑到阿爾卑斯山中閉門謝客，「渡假」靜養半年。但 Joliot 夫婦並沒有這樣。他們並沒有終止或放棄用 α-射線的研究，反而發揮了真正鍥而不舍，不屈不撓的精神。我想，為著錯過了重大的發現，躲在房內閉門痛哭一番是正常人

性的表現。但，傷痛之後，能收起傷痛的心腸，「回也不改其志」的繼續執著原來努力的方向，是高貴的人性光輝，令人激賞。一年多後，他們又有了新的發現：

$$\alpha + Al \longrightarrow Si + n + e^+,$$

幾經波折，在 1934 年 1 月 15 日他們提出：

$$P \longrightarrow Si + e^+,$$

之新放射反應：β^+ 衰變，並在數週後用放射化學的辦法（當年居禮夫人所發展者！），分離出生命期約三分鐘，且有 β^+ 放射性之磷同位素。

1935 年，查兌克因發現中子榮獲諾貝爾物理獎。Joliot 夫婦因以上的工作與發現，榮獲同年之化學獎。

啟示：

讀到這裡，我得到的啟示，第一是：天下沒有白吃的午餐！人多少要靠些機運，但愛迪生「一分天才，九十九分努力」仍是對的，若再加上不可知的機運。可是，若無「努力」與「執著」的必要條件，既使幸運之神叩門，你也無從曉得。

但這多少是大家耳熟能詳的爛道理。真正令我感到震驚的，是 Irene Curie 與 Frederic Joliot 所展現的那股驚人毅力，正是我自己所當學習的。道理又是熟爛的：不要輕易放棄，要堅忍不拔！（嘿，可也要擇善固執，取一瓢飲）。但，若親身遭逢，何人能如此？

後語：

　　有一件美事，值得一提。Curie 與 Joliot 所用的 α 放射源，釙，正是居禮夫人所發現並命名者（我國將 Polonium 譯為釙，並未尊重居禮夫人記念其祖國——波蘭之命名，實屬遺憾）。Pais 寫到「Curie 與 Joliot 的發現，所用最強放射源，是母親馬利亞所發現並命名的元素；這當中漾著詩意」。

　　居禮夫人並未親身目睹女兒與女婿一同躋身自己所屬「得主」行列。她在 1934 年 7 月 4 日逝世。這是另一種詩意。

附錄二：四代夸克的追尋[1]

　　1986 年高能物理大會在柏克萊舉行，當時我剛拿到博士學位一年。就讀美國加州大學洛杉磯分校（UCLA）時的小老闆索尼（Amarjit Soni）找到我，說：「B 物理的實驗數據要起飛了，我們一起來探討吧，譬如四代夸克的可能影響。」我回答說：「四代夸克？太沒想像力了吧！」可如今我成了追尋四代夸克的推手，見證了「4G 股」無數次的水餃化……為了帶入第一手的臨場感，本文有略多的個人色彩與主觀意識，敬請見諒。

實驗與理論的互動

　　索尼教授當時所說將要起飛的數據，來自康乃爾大學的 CLEO 實驗及德國電子同步加速器（DESY）實驗室的 ARGUS 實驗。而我會說四代夸克缺乏想像力，是因為當時已經確知有三代夸克，那麼推到四代似乎用不到大腦，但當時年少氣盛的我，總想做一些升天入地的理論呢。然而我就做下去了，寫了好些篇還算不錯的論文。當我從匹茲堡搬到德國慕尼黑的馬克士普朗克研究所時，進一步直

---

1 原發表於《科學人》雜誌 2013 年 1 月號。

接探討了四代夸克 b'（帶負 1/3 電荷）的衰變，挺有意思的，刺激了日本高能研究所（KEK）及瑞士歐洲核子研究組織（CERN）的實驗學家對四代夸克的搜尋。

可惜的是，CERN 的大型電子正子對撞機（LEP）在 1989 年開始運轉後不久，便宣稱量測到微中子只有三種，而不是四種，使原本漸受注意的四代夸克「市值」瞬間蒸發。那時我已舉家搬到瑞士，待了三年後打道回國。到了 1990 年代中後期，藉著大量的數據，LEP 的實驗對四代夸克再補上一槍，宣稱對「量子效應」的精細量測顯示四代夸克極不可能存在；對絕大多數人而言，四代夸克算是玩完了。所以，有十五年的時間，我就像五四之後的文人一樣，不時把霉漬的四代夸克拿出來曬一曬、端詳端詳。

到了 2004 年，臺灣大學高能實驗室的張寶棣教授與博士生趙元在 KEK 的 Belle 實驗數據中，找到了「直接 CP 破壞」（衰變時發生的電荷－宇稱不守衡，一種物質與反物質的不對稱性）的證據。然而，我們注意到帶電與中性 B 介子的直接 CP 破壞似乎不同，令人意外。這個「直接 CP 破壞差異」的測量，在張寶棣教授和我的推動下，最後發表在《自然》。

我當時深受這個超乎預期的差異所震撼，想到了四代夸克 t'（帶正 2/3 電荷）的可能效應，與兩位博士後研究員運用了中央研究院物理所研究員李湘楠的量子色動力學修正計算法推算後，指出四代夸克是可以解釋 B 介子直接 CP 破壞差異的，於 2005 年發表在《物理評論通訊》。在當時不甚流行的四代夸克研究上，這可不是輕而易舉的一件

事。自此而後，我發現我的心思越來越被四代夸克所佔據，漸漸成為我的主要研究。

漢中策略

　　2006 年初，臺大高能實驗室參與 CERN 大強子對撞機（LHC）的緊緻緲子螺管偵測器（CMS）建造已五年，主要的物理分析人力則仍擺在 Belle 實驗。然而 LHC 再幾年就要運轉，我們究竟要做什麼物理分析，令我十分傷腦筋。我們參與 Belle 已十分得心應手。Belle 實驗觀察正負電子對撞所產生的粒子，產生環境十分乾淨、數據分析容易上手，自 1999 年以來很快就在實驗室內建立了傳承。而且日本與臺灣距離近、幾乎沒有時差，文化差異也不大，KEK 又提供了非常開放的環境，使得我們參與 Belle 實驗的成果十分豐碩。反觀參與 CMS 實驗，戰線拉得很長，孤軍深入歐美優勢環境，時差與文化、生活差異都對我方不利。而且 CMS 實驗匯集了全世界三千多名高能實驗菁英，其競爭性與四百人、自家後院般的 Belle 實驗不可相提並論。更何況，臺大高能實驗室缺乏在 CERN 的實務經驗，也缺乏強子對撞環境的物理分析經驗。

　　當時，我正巧完成一篇與摩洛哥坦吉爾大學阿瑞布教授（Abdesslam Arhrib）合作的關於四代夸克衰變的更新探討（曬一曬），自然就想到了四代夸克的題目。基於責任，我第一要釐清的，就是不能把實驗室內的資源耗費在

自身的迷妄上。但我繼而一想，拍腿稱妙，擬定了所謂的「漢中策略」（劉邦納張良與蕭何之議入漢中，終得中原，「漢」也成為中華民族主體的代名詞）。

我們那時唯一可仗勢的，便是參與 Belle 實驗所累積的一些優秀人才，但是這些人並沒有強子對撞環境的分析經驗，還需要訓練，實不宜倉卒推入「中原大戰」，以免過早折損。我們本來就應該從次要戰場入手，而四代夸克就成為極佳的選擇。因為大強子對撞機產生四代夸克的效率相對是大的，事實上也是必須搜尋的；不管理論學家用間接數據如何宣告，直接搜尋是無可取代的，此其一。但正如我二十年前對索尼教授的反應，多數人在 2006 年認為四代夸克是不存在的，這正好使我們不必面對過度凶險的競爭，此其二。若眾人所認為的「不存在」果然是對的，那我們也較容易出幾篇所謂的搜尋「下限」（沒找到，因此其質量不在某某數值以下）論文；能在競爭極度激烈的 CMS 實驗發表自家的論文，已是非常不錯了，此其三。若我們有幸看到徵兆，即便有強敵介入想分一杯羹，也改變不了我們的先行者地位，此其四。而不論有沒有看到四代夸克，除了能發表搜尋論文，團隊將能藉此習得強子對撞環境的各種物理分析經驗，有助於未來發展，此其五。事實上，對實驗室成員來講，四代夸克還有我們在 Belle 實驗所發現的「直接 CP 破壞差異」做為動機，可以激發人心，此其六。如此成竹在胸，再與團隊的教授們共同商議得到認可後，臺大高能實驗室在 CMS 實驗的初步物理分析方向就此定案。

4G 上通雲漢？

前面講到的「直接 CP 破壞差異」論文，是經過與期刊編輯一番交涉才完成的。不知為什麼，自 1930 年代之後，粒子物理論文極少在《自然》發表，《自然》的最大讀者群是生醫背景的人，因此即使論文要送審，編輯也要求文章要寫得讓人（不只是物理學家）看得懂。當然，我們最終做到了，而且還帶出了一個意想不到的附加價值。

當我琢磨如何寫出生物學家也看得懂的物理文章的時候，就好像換了個腦袋，跟平常不一樣了。2007 年暑末，我突然想起一個熟知的三代夸克 CP 破壞的雅絲考格不變量（Jarlskog invariant），若用相同的公式，但以二－三－四代或一－三－四代（或不區分一－二代）替換一－二－三代，因著新增 CP 破壞相位角、更因為四代夸克遠遠重於前三代夸克（特別是一、二代夸克），這個新的「四代雅絲考格不變量」與三代相比，可暴增千兆倍以上（參見 174 頁〈深入夸克模型〉）。是的，你沒看錯，可暴增千兆倍以上。我好像找到了四代夸克應該存在的原因了，乃是關乎宇宙起源：為何原本應與物質等量產生的反物質全都消失不見了？也許我原本認為缺乏想像力的四代夸克，上天遠超乎我想像地賦予了它存在的理由！

當初小林誠與益川敏英在連第二代夸克都還不齊備的 1972 年，就提出了存在三代夸克的想法，目標就是為了解

釋 CP 破壞。CP 破壞的現象是 1964 年在所謂的「K 介子系統」發現的，之後小林誠與益川敏英證明，雖然只有二代夸克不會有 CP 破壞，但若擴展到三代，便會出現一個唯一的 CP 破壞相位角。幸運的是，三代的濤子與底夸克（b）在 1975 年與 1977 年分別被發現，雖然頂夸克（t）遲至 1995 年才出現。到 1980 年左右，人們已確信三代夸克的存在，使得小林－益川三代夸克模型成為粒子物理「標準模型」的一部份。到了 1990 年代，日本及美國分別建造了量產 B 介子以研究其性質的「B 介子工廠」，即前述的 Belle 實驗及史丹佛直線加速器中心的 BaBar 實驗。這兩座「工廠」在 2001 年證實了小林誠及益川敏英的 CP 破壞相位角，使兩人榮獲 2008 年諾貝爾物理獎。

然而，小林誠在領獎致詞時卻表示，要解釋宇宙反物質消失之謎，還需要額外的 CP 破壞效應，這又是為什麼呢？話說回來，在 1964 年 CP 破壞的實驗發現後不久，俄國氫彈之父、後來因為人權奮鬥而獲諾貝爾和平獎的大物理學家沙卡洛夫（Andrei Sakharov）指出，CP 破壞是解釋宇宙反物質消失的三大要件之一。而小林誠、益川敏英的 CP 破壞相位角，經計算、且以雅絲考格不變量表現出來的話，單在 CP 破壞的強度方面就小了不只百億倍。這是小林誠在領獎致詞時，自承他與益川敏英所發現的三代夸克相位角不足以「通天」的原因。

好，我發現只要把三代夸克擴展到四代，CP 破壞的強度看來就可以跨過門檻，直達雲漢了，我看到這點時的興奮可想而知。因為奇特的是，雅絲考格不變量公式自 1985

年以來眾人皆知，怎麼會輪到由我在 2007 年將四代夸克的數值代入呢？Why me？看來換一個與不同的人溝通的腦袋，還真是有幫助的！不過，當我終於在 2008 年 3 月將這個洞見公諸於世之後，《物理評論通訊》審稿人及編輯卻以我沒有解決沙卡洛夫第三要件（脫離熱平衡的相變）為由，將文章打了回票，最後我將它發表在 2009 年的《中國物理期刊》，而我仍自認這是個人最重要的傳世之作。

從死透到翻紅

自 2006 年定調之後，臺大高能實驗室從 2007 年起開始派員常駐 CERN，努力將「在地團隊」人數推到臨界值，足以在 CMS 實驗有競爭力。幾個四代夸克搜尋辦法上的預備工作，到 2008 年 9 月 LHC 運轉前，已大致就緒了。然而天不從人願，在 LHC 轟轟烈烈開始運轉後沒有多久，加速器的兩段超導磁鐵轟然一聲發生重大意外，導致整個 LHC 實驗進程延遲了幾乎兩年。在這兩年中，雖仍在練兵，但已到位的人員眼睜睜看著美國費米實驗室的正負質子對撞機（Tevatron）把我們原本鎖定的四代夸克目標質量範圍吃掉了。雖然他們沒有發現四代夸克，但──心疼啊！

2008 年 10 月諾貝爾獎公佈，小林誠及益川敏英獲獎不意外，令人意外的是那年的物理獎頒給了兩組日本人，另一半頒給了日裔美國人南部陽一郎。南部陽一郎提出自

發性對稱破壞理論的重大貢獻人人皆知，得獎實至名歸，而我受邀在 2009 年 5 月的某國際會議上做關於三人得獎事由的報告，更是將他的工作考查了一番，得到新的啟發：如果將南部陽一郎 1960 年代提出的對稱性破壞想法加以引申，那麼因尚未找到四代夸克以致其質量必須越來越重時，與質量成正比的「湯川耦合」就越來越強，強到一定程度時，四代夸克與反四代夸克的相互吸引會不會引發電弱對稱性破壞？若電弱對稱性破壞可以來自四代夸克的強湯川耦合，那我們還需要希格斯粒子的機制嗎？而搜尋希格斯粒子、也就是探討電弱對稱性破壞之源，不正是興建大強子對撞機的目的嗎？難道依漢中策略設定四代夸克搜尋為我們的初期目標，還能導向探索電弱對稱性破壞之源？太帥了，漢中還真通向中原!?受此吸引，我也開始從事強湯川耦合的理論探討，發展出不少有趣的結果。

　　到了 2009 年底，LHC 終於重新運轉。此時 CERN 學乖了，將能量及強度緩緩提高，到了 2010 年 10 月，LHC 加速器團隊信心大增，預估 2011 年將可得到大量數據。果然，2011 年及 2012 年運轉非常良好，使得 Tevatron 在 2011 年 9 月提前關機，替 Tevatron 時代劃下休止符。臺大高能實驗室也在四代夸克及其他極重夸克的搜尋上，領銜發表了好幾篇論文，在 CMS 實驗闖出了一片天。有趣的是，在 2007 年前還被認定死透了的四代夸克，因著我們的經營以及一些其他因素，到了 2010－2011 年已呈微紅之勢，在 LHC 對新物理現象的搜尋名單上，佔有顯著的位置，真是風水輪流轉呢。

危機？轉機？

　　因著 2011 年的大量數據，我們迅速將四代夸克的質量下限推展到超越 Tevatron 的結果。四代夸克越來越重，但若其確實存在，則表示它越來越有可能是電弱對稱性破壞之源，這是令人興奮之事。而在 CMS 實驗之內，參與四代夸克搜尋的人員與團隊也越來越多。

　　然而，也許上天考驗人心吧，自 2011 年 8 月以來，四代夸克又幾經波折起伏！

　　在 2005 年討論四代夸克可能引發 B 介子直接 CP 破壞差異之後，我與合作者進一步指出，若真如此，則因差異頗大，可以推論在所謂的 Bs －反 Bs 介子系統，應會出現遠大於標準模型所預測的 CP 破壞。到了 2008 年，費米實驗室 Tevatron 的實驗竟然宣稱看到徵兆，而到了 2011 年晚冬，連大強子對撞機的 LHCb 實驗也宣稱在其仍屬少量的 2010 年數據中有端倪。那時我真的很興奮。到了 7 月，雖然希格斯粒子的搜尋經歷起伏，而 LHC 完全沒看到新物理的徵兆，我仍強烈認為在 Bs 介子系統的 CP 破壞，將會是年度的發現。沒想到，到了 8 月底在印度孟買舉行的粒子物理年會上，LHCb 實驗公佈新結果，沒有在 Bs 介子系統看到大的 CP 破壞！大受打擊的不只有我，但我自 2004 年從 B 介子直接 CP 破壞差異所嗅到的四代夸克線索就此斷裂。錯愕之餘，所幸那「通天」的 CP 破壞效應，倒不太

受 Bs 介子系統 CP 破壞大小的影響。

在孟買會議中，還有對四代夸克不利的其他宣言。史丹佛直線加速器中心知名的裴斯金教授（Michael Peskin）總結報告時，宣稱「四代夸克有大麻煩了。」他指的是，已有的希格斯粒子徵兆與標準模型的預期沒有衝突，四代夸克恐怕有困難，因為重四代夸克的存在應當會增強希格斯粒子產生率十倍，似乎與數據不符。我倒對裴斯金的宣判不太在意，因為我們從 7 月到 8 月才親身經歷希格斯粒子在另一質量的徵兆消失，因此當時的徵兆也可能消失，在數據不多時這並不稀奇。似乎很多人也和我一樣，因為到了 2012 年，四代夸克的聲勢似乎又在回升，臺大高能實驗室也發表了世界最新的 b' 質量下限。而此時，我的理論工作指向重四代夸克的強湯川耦合確實可能引發電弱對稱性破壞，但其質量遠大於我們的下限，所以難怪還找不到。我也越來越深信希格斯粒子應當又重又隱晦，是不會出現了。

但事與願違，大家都知道後來的戲劇性發展：LHC 的 ATLAS 與 CMS 兩個實驗，一同在 2012 年 7 月 4 日宣佈看到了重達質子一百三十餘倍的類希格斯玻色子。在澳洲墨爾本舉行的高能年會中，幾乎每個朋友都拿裴斯金的理由向我說，四代夸克不會存在了。我得承認，我的失落至今都未恢復。

但，就這樣了嗎？四代夸克是不是一敗塗地，萬劫不復了？我不想硬拗，因為形勢比人強。但就科學上講，事情確實還沒到最最後關頭。首先，目前雖然確定看到有東

西，但仍是「類」希格斯粒子，有可能它不是「真」希格斯玻色子而是與四代夸克相容的其他粒子，雖然連我都覺得發現這樣的粒子真是難以置信。要知道，就像過往一樣，「四代夸克的存在會增強希格斯粒子產生率十倍」根據的是間接的計算，而我們已強調沒有東西可取代直接搜尋。但麻煩的是，大家會開始質疑我們現在搜尋的方向與模式。這就帶入第二點，也就是其他可能的極重夸克，例如「向量式」夸克的搜尋，並不受影響，只是搜尋變得複雜起來，變成了大部頭的工作，沒有以前好做了。所幸臺大高能實驗室的大將陳凱風教授，早已機敏地佈局，用 CMS 實驗數據發表了 LHC 時代的第一篇向量式夸克的搜尋論文，曾衍銘也成為臺大高能實驗室第一位藉 CMS 數據畢業的博士。第三，也是與第一點相關的，就是極強的湯川耦合已超越了大家所熟悉的微擾理論範圍。大家平常的想法，是否受限於微擾思維？大自然會不會藉超強的湯川耦合，搭演一場出人意表的新戲呢？我好像在痴人說夢了！但到最後，讓我們回到四代夸克的通天本領。如果四代夸克的存在可以提供足以讓宇宙反物質消失的 CP 破壞強度，老天爺為什麼不用呢？

　　我無法確定這是否就是終局，還是峰迴路轉後又會有不同的結局……？這就是科學研究的有趣之處吧。

〔進階探討〕
深入夸克模型

　　我們對夸克模型及費米子「風味」（flavor）物理的了解，一大部分是在 1950 及 1960 年代藉對 K 介子系統的研究而得。K 介子是在 1947 年發現的：K⁺ 及 K⁰ 介子成對，而 K⁻ 及反 K⁰ 介子是它們的反粒子。K⁰ 介子是由反 s 夸克及 d 夸克構成，而反 K⁰ 介子則是 s 夸克及反 d 夸克。s 及 d 夸克均帶電荷 $-1/3$，若把（反）K⁰ 介子中的（反）d 夸克替換成帶 $+2/3$ 電荷的（反）u 夸克，便得到 K⁺（K⁻）介子。

　　K⁰ 及反 K⁰ 互為反粒子，但不帶電荷，弱作用引發的所謂「盒子圖」過程，可將 K⁰ 變成反 K⁰，反之亦然，稱為 K⁰-反 K⁰ 介子「混合」現象。在李政道與楊振寧提出的弱作用宇稱（parity 或 P）不守恆由吳健雄在 1956 年很快驗證後，一般以為所謂的電荷－宇稱，即 CP（C 是把粒子變成反粒子的變換），是守恆的。但 1964 年菲奇（Val Fitch）及克羅寧（James Cronin）發現在 K⁰-反 K⁰ 介子混合效應中 CP 並不守恆，是為「CP 破壞」現象，兩人因此榮獲 1980 年諾貝爾物理獎。

　　在 K⁰-反 K⁰ 介子混合效應中的 CP 破壞，傳統上稱做「間接」CP 破壞。這是由於實驗都需要檢測 K⁰ 或反 K⁰ 介子的衰變，而此衰變過程中發生的 CP 破壞已稱為「直接」CP 破壞，這只是個命名的區分而已。但 K 介子系統

的直接 CP 破壞要到三十五年之後的 1999 年，才由實驗學家確實量到，臺大物理系的熊怡教授是當時兩個實驗中 KTeV 實驗的發言人之一。

1972 年秋天，小林誠與益川敏英以夸克模型探討 CP 破壞的根源，指出第三代夸克要存在才會出現 CP 破壞的相位角。在 b 夸克發現後，人們很快指出與 K^0-反 K^0 介子系統類比的 B^0-反 B^0 介子系統（成份為反 b 夸克-d 夸克及 b 夸克－反 d 夸克）會有可測的間接 CP 破壞效應，並可藉此測量小林－益川相位角。後續的發展，最終導致 B 介子工廠於 2001 年的量測。三年後的 2004 年，測量到 B 介子系統的直接 CP 破壞，在 Belle 實驗的主要物理分析貢獻者為臺大物理系的張寶棣教授及當時的博士生趙元。

小林－益川三代夸克模型是粒子物理學標準模型的一部份，六顆夸克的質量乃是一個特定係數，即所謂的湯川耦合常數 λ_i（越大則作用力越強）乘以一個共同的「真空能量」常數 v（此真空能量即由希格斯場而來），亦即夸克 i 的質量 m_i 正比於 $\lambda_i v$。因著小林－益川三代夸克相位角的唯一性，瑞典女科學家雅絲考格（Cecilia Jarlskog）在 1985 年用代數證明所有的可測 CP 破壞效應均正比於 J：

$$J = (m_t^2 - m_c^2)(m_t^2 - m_u^2)(m_c^2 - m_u^2)(m_b^2 - m_s^2)(m_b^2 - m_d^2)(m_s^2 - m_d^2)\, A$$

亦即同類電荷的夸克質量（平方）差的乘積，再乘以一個幾何面積 A。這個 A 可對應於各種可測量的過程，

如上述的 K^0 介子系統或 B^0 介子系統。有趣的是，不管怎樣的系統，最後對應的面積 A 都是一樣的，因此 J 被稱為雅絲考格不變量。

然而，因為 $m_d^2 \ll m_s^2 \ll m_b^2$，$m_u^2 \ll m_c^2 \ll m_t^2$，$m_b^2 \ll m_t^2 \sim v^2$ 的緣故，三代夸克J的數值遠遠小於宇宙反物質消失所需的CP破壞量。但若存在第四代夸克，一方面 A 變成有好幾種，更重要的是因為 $m_{t'}$、$m_{b'} > m_t$，所以四代夸克雅絲考格不變量將遠遠大於小林－益川三代夸克雅絲考格不變量。再把 B^0-反 B^0 介子中的（反）d 夸克替換成（反）s 夸克的所謂 B_s-反 B_s 介子系統，三代夸克模型預期的可測 CP 破壞效應，會比 B^0 介子－反 B^0 介子系統小許多。但在四代夸克模型，B_s 介子系統的CP破壞效應與三代夸克模型所預期的值不同。

附錄三：把「光子」變重了[1]
——基本粒子的質量起源

　　對一般人而言，「質量從哪裡來？」似乎問得不著邊際，但對於粒子物理學家卻是一個最深刻的問題。方司瓦·盎格列（François Englert, 1932～）與他已過世的同事羅伯·布繞特（Robert Brout, 1928～2011），以及彼得·希格斯（Peter Higgs, 1929～），在 1964 年分別提出理論，說明何以能讓傳遞作用力的粒子變得有質量，以至於弱作用力可以與電磁作用力融合為「電弱作用」。這個通稱希格斯機制的理論發現，今後的正式名稱將是「BEH 機制」，以紀念無緣獲獎的布繞特。

　　諾貝爾物理委員會今年所引用的得獎理由，是歷來最長的。除了盎格列與希格斯獲獎是因為「理論上發現一種有助我們了解次原子粒子質量起源的機制」，更強調「所預測的基本粒子最近被歐洲核子研究中心大強子對撞機的 ATLAS 和 CMS 實驗找到，因而獲得證實」。這便是大家近來耳熟能詳的希格斯粒子，俗稱「神之粒子」。超導環場探測器（A Toroidal LHC Apparatus, ATLAS）與緊湊緲子螺管偵測器（Compact Muon Solenoid, CMS）實驗於 2012 年 7 月 4 日在歐洲核子研究組織（CERN）宣布「找

---

[1] 原載於《科學月刊》雜誌 2013 年 12 月號。

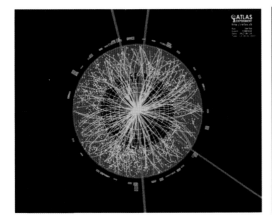
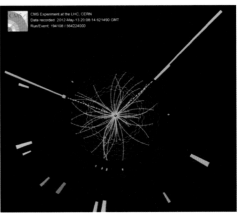

圖一：希格斯粒子的實驗發現：左為 ATLAS 實驗所記錄的一個 $H \to \mu^+\mu^-\mu^+\mu^-$ 的「四渺子」事例，右為 CMS 實驗所紀錄的一個 $H^0 \to \gamma\gamma$ 的「雙光子」事例。
（圖片來源：CERN）

到了！」質量約 126 GeV/c^2（基本粒子質量單位，GeV 為 10 億電子伏特，c 為光速），在銫與銀原子質量之間。這兩個實驗，臺灣都有參加，而花了近五十年才找到的這顆上帝粒子，終於完成了粒子物理標準模型的最後一塊拼圖。盎格列與希格斯也在發現一年後，分別以八十一及八十四歲高齡得到了期待已久的榮譽。

從實驗發現到理論得獎

2013 年 7 月歐洲高能物理大會在瑞典斯德哥爾摩舉行，歐洲物理學會特別將 2013 年「高能與粒子物理獎」頒給 ATLAS 及 CMS 實驗，理由是：發現一顆希格斯粒子，與布繞特－盎格列－希格斯機制所預測的相符。此獎也同時頒給 ATLAS 實驗的第一位發言人葉尼與 CMS 實驗的頭

兩位發言人戴拉內格拉及弗迪以表彰三人的貢獻。筆者本身以及臺大也參與了 CMS 實驗，算是沾了邊，但這兩個實驗分別有約 3000 人參與，在臺灣還有中大參與 CMS、中研院參與ATLAS。布繞特、盎格列與希格斯則早在 1997 年便已榮獲此獎。從諾貝爾委員會已將歐洲核子研究中心 CERN 及 ATLAS 與 CMS 的貢獻寫在得獎理由裡，參考過去 1979、1984 及 1990 年的類似用語，將來是不會有「發現一顆希格斯粒子」的諾貝爾獎頒給實驗了。

但這畢竟是高能物理界的盛事，CERN 對此非常重視，其蛛絲馬跡可說就是在「發現一顆希格斯粒子」的用字裡。當 2012 年 7 月 4 日宣告發現「似希格斯粒子」，便是在CERN 舉行。但當時應是已過了諾貝爾委員會的評選時程，所以雖有期待，卻獎落別家。2013 年 3 月在義大利阿爾卑斯山區舉行的冬季粒子物理大會中，ATLAS與CMS實驗分別報告了對新粒子性質的檢測結果，與標準模型希格斯粒子的預期相符，因此實驗及理論的總結報告者均認為可以將「似」希格斯粒子改稱「一顆」希格斯粒子了，CERN 也趕緊同步在網頁上作此宣告。筆者當時聽說後略感詫異，戲稱一定是諾貝爾委員會的短名單日期要截止了。到了斯德哥爾摩歐洲高能物理大會，果不期然，「一顆希格斯粒子」進入 ATLAS 與 CMS 的得獎理由。

那麼為何這個發現與得獎這麼有張力呢？讓我們從 2008 年的物理獎得主南部陽一郎（Yoichiro Nambu, 1921～）說起，把時間拉回到 1960 年前後。

超導理論到自發對稱性破壞

　　南部陽一郎因「發現次原子物理的自發對稱性破壞機制」獲得諾貝爾獎，這個貢獻正是盎格列與希格斯工作的起頭，而他的諾貝爾演講初稿提供了不少軼聞。

　　專攻粒子物理的南部在東京大學受教育時接觸過固態物理。1957 年他已在芝加哥大學任教，聽了一個令他困惑的演講。當時還在做研究生的施瑞弗（Robert Schriefer）主講尚未發表的 BCS 超導理論（1972 年諾貝爾物理獎）。令南部困惑的是，BCS 理論似乎不遵守電荷守恆。但南部為他們的精神所動，開始尋求瞭解問題之所在。在 BCS 理論裡面，電子與電子間藉交換聲子而形成所謂的「古柏

對」（Cooper pair），在低溫時古柏對的玻色子性質可以形成「玻色－愛因斯坦凝結」（Bose-Einstein condensation或BEC）成帶電超流體，因而出現超導現象。但古柏對凝結態本身帶電荷，也就是前面所說的不遵守電荷守恆。南部花了兩年的時間才弄清楚，寫文章釐清規範不變性如何在 BCS 理論中維繫。物理學裡守恆律對應到特定的不變性，而規範不變性對應到電荷守恆，所以規範不變性被維繫著也就意味電荷守恆並沒有真正被破壞掉。南部指出維繫規範不變性的乃是一種無質量激發態，這個激發態與超導體中的電磁場結合成所謂的電漿子，可以解釋實驗上看到的麥斯聶效應（Meissner effect）。

南部以深度思考著稱，故假如前面偏理論性的描述使你感到迷惑，敬請不要介意。讓我們換一個角度就麥斯聶效應說明。此效應為 1933 年所發現，基本上說就是磁場不能穿透超導體；當磁場進入超導體，經過些許距離後便遞減消失（該距離稱為「倫敦穿透距離」，London penetration depth）。而之所以如此，乃是前述所謂的電漿子在超導體中行進時變成有質量的，因此跟一般的庫倫力不一樣，跑一段距離就沒有作用了。所以呢，熟知多年的麥斯聶效應其實就是我們所要討論的希格斯或 BEH 機制。

金石定理的桎梏與安德森猜想

南部的洞察稱為自發對稱性破壞，也就是說對稱性不

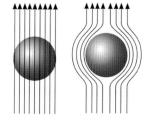

圖三：麥斯聶效應示意圖。當低於臨界溫度時，磁場線將被超導體所排斥。

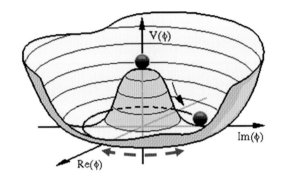

圖四：純量場ϕ的「葡萄酒瓶」或「墨西哥帽」位能場，最低能量狀態不在$\phi = 0$，而是在$\phi \neq 0$時，選任一ϕ值便是自發對稱性破壞。試想圖中的小球，沿著「瓶底」（雙箭頭虛線）推一下無阻力，對應零質量金石粒子，但沿著黑箭頭推一下的阻力或慣性便是希格斯粒子質量。

是給硬生生破壞掉了，乃是乍看之下好似破壞了，但其實仍微妙的維持著。這個機制本身十分吸引人。在南部的工作中，已注意到一種無質量粒子伴隨著自發對稱性破壞。高德史東（Jeffrey Goldstone）在讀了南部 1960 年的論文後，為文引入純量場、所謂的「墨西哥帽」位能場（希格斯喜歡稱之為「葡萄酒瓶」位能場），可以相當容易的探討類似超導體的自發對稱性破壞現象。這個位能場如圖所示，的確讓我們不用公式就可以大致體會何謂自發對稱性破壞。酒瓶位能場沿著「酒瓶」的軸具有旋轉不變性，但這個「位能」的最低點不是在凸起的$\phi =$中央點，乃是在一整圈$\phi \neq 0$的「瓶底」。選擇落在任一ϕ的值（稱為「真空期望值」$\langle\phi\rangle$，因為真空對應於最低能量狀態），原來的旋轉不變性就沒有了。這個「選擇」就是自發對稱性破壞，被破壞掉的是沿軸旋轉的對稱性。然而試想在所「選擇」的ϕ值沿瓶底凹槽推一下，將毫無「阻力」，與沿著瓶底凹槽的垂直方向推一下有位能阻力不同。因此，沿著自發破壞掉的旋轉方向有一顆沒有阻力、即慣性或

「質量」為零的激發態。這個激發態也就是一顆粒子，稱為「南部－金石粒子」。

高德史東推測這個無質量粒子的出現，應是自發對稱性破壞的普遍現象，與他所使用的特殊位能場無關。經由兩位理論高人的加持，這個猜想在 1962 年成為所謂的「金石定理」（Goldstone theorem；Goldstone 在此譯作「金石」更顯其意涵），也就是在任何滿足羅倫茲不變性的相對論性理論裡，任何被自發破壞掉的對稱性必有伴隨的無質量粒子。這兩位高人便是後來因電弱統一理論獲 1979 年諾貝爾獎的薩蘭姆（Abdus Salam）與溫伯格（Steven Weinberg）。

金石（不毀！）定理的成立，為粒子物理界帶進一些肅煞之氣，因為南部的迷人想法，恐怕無法應用到相對論性的粒子物理。無質量粒子當以光速前進，實驗上很容易找到，但顯然查無實據。

在粒子物理學家摸摸鼻子，繼續與 1960 年代的困境奮鬥時，倒是一位凝態理論家抓到了契機。受了 1962 年施溫格（Julian Schwinger，與費因曼和朝永振一郎因量子電動力學可重整化的工作同獲 1965 年諾貝爾物理獎）一篇討論質量與規範不變性的文章啟發，安德森（Philip Anderson，因凝態理論獲 1977 年諾貝爾物理獎）在 1963 年為文剖析了在超導體中電漿子如何等價於光子獲得質量，並宣稱南部類型的理論「應當既無零質量楊－密爾斯規範波色子問題、也無零質量金石波色子困難，因為兩者應可對消，只留下有質量的玻色子。」

我們一會兒再說明楊－密爾斯規範粒子，但可以預見地，安德森的猜想並沒有在粒子物理界造成甚麼漣漪，因為他用非相對論性的超導體來推想相對論性理論的性質，無法得到認同。幾乎唯一的迴響，來自韓裔美國人李輝昭（Benjamin W. Lee）與他當年指導教授克萊恩（Abraham Klein）在 1964 年初的文章，以及基爾伯特（Walter Gilbert）的反駁。克萊恩與李輝昭分析說，超導體存在一特殊坐標系，那麼相對性理論呢？而基爾伯特隨即反駁說，在相對性理論中當然不可能有特殊坐標系。這樣講當然過於簡化，但李輝昭與克萊恩並未答辯，而基爾伯特顯然絕頂聰明，因為該年他便從粒子物理助教授升為生物物理副教授，轉而研究生物化學，從而獲得 1980 年諾貝爾化學獎！

楊－密爾斯規範粒子

我們岔開一下來談楊－密爾斯規範場論。

1932 年查兌克發現中子，其質量與質子非常接近。海森堡將 $m_n \cong m_p$ 類比於電子（或質子）的等質量自旋二重態，提出同位旋（Isospin, I）的概念，認為質子與中子為 $I = 1/2$ 的同位旋二重態。湯川秀樹所提出的次原子粒子「π介子」則因有 π^+、π^0、π^- 三顆且質量相近，因此同位旋為 1。後續的實驗研究發現這個同位旋在強作用中是守恆的。楊振寧先生注意到這樣的守恆律與電荷守恆的相似性，因

此思考將此相似性推進一步。前面已提到電荷守恆對應到規範不變性，這個規範不變性人們已知道是 U(1) 么正群。而同位旋則是一個 SU(2) 特殊么正群。楊振寧與密爾斯（Robert Mills）將同位旋的 SU(2) 群與電荷的 U(1) 群類比，得到同位旋的規範場論。這個理論架構非常吸引人，但有一個罩門：類比於電磁學的單顆光子，同位旋規範場論應當有三顆無質量同位旋規範粒子，但顯然在自然界中不存在。然而，若在方程式裡放進一個質量項則會破壞規範不變性，亦即同位旋守恆。據楊先生自己說，1954 年 2 月他在普林斯頓高等研究院給演講，剛寫下含同位旋規範場的方程式，當時在高等研究院訪問的大師鮑立（Wolfgang Pauli）隨即問道「這個場的質量是多少？」幾番追問下，楊先生講不下去，只好坐下，靠歐本海默（Robert Oppenheimer）打圓場才得講完。在發表的論文裡，楊與密爾斯也坦承這個問題的存在。

這就是安德森所說的零質量楊－密爾斯規範波色子問題。就像光子，所有的規範場論粒子都是自旋為 1 的玻色子。同位旋 SU(2) 是與自旋的旋轉類比。你可以很容易檢驗，沿著兩個不同的軸的旋轉，其結果與先後次序有關，因此是所謂的「非阿式」或 Non-Abelian，意為規範轉換是不可交換的。但電磁學的么正 U(1) 轉換只是乘上一個大小為 1 的複數，而乘兩個複數的結果與先後次序無關，是可交換的，稱為阿式或 Abelian 規範場論。

盎格列－布繞特機制

　　盎格列與布繞特在 1964 年 8 月底於《物理評論通訊》
（*Physical Review Letters, PRL*）刊出一篇論文，奠定了歷
史地位。沒有跡象顯示他們知曉安德森的猜想，但他們同
樣是受了施溫格的啟發，也熟悉金石定理。

　　布繞特生於紐約，1953 年獲哥倫比亞大學博士，1956
年起在康乃爾任教，專攻統計力學與相變。盎格列於 1959
年從（法語）布魯塞爾自由大學獲博士學位後，到康乃爾
做布繞特的博士後研究。兩人共同的猶太人背景，很快結
下了有如兄弟般的終身友誼。事實上，當盎格列於 1961 年
返回布魯塞爾時，布繞特竟辭去康乃爾的教職，舉家遷往
布魯塞爾，可以說是與盎格列共同開創了布魯塞爾學派，
他最終也入籍比利時。

　　這兩人是怎麼切入的呢？據希格斯轉述，布繞特 1960
年在康乃爾聽過著名理論物理學家魏斯考夫（Victor
Weisskopf）的演講，聽到他說：「當今的粒子物理學家真
是黔驢技窮了，他們甚至要從像 BCS 這樣的多體理論支取
新的想法。或許能有什麼結果吧。」似乎指的是南部的想
法，卻也突顯了所抱持的懷疑態度。但或許受此導引，
布、盎二人欣賞南部以場論角度分析超導的工作，因而將
自發對稱破壞應用在布繞特熟悉的相變化問題。

　　後來施溫格提議在有交互作用的情形下，規範粒子或

圖五：羅伯·布繞特。布繞特於 1964 年與方司瓦·盎格列共同提出希格斯機制與希格斯玻色子理論。

可不破壞規範不變性而獲得質量。盎格列與布繞特轉而探討規範場論的情形。他們其實在 1963 年就已得到了可以讓規範粒子獲得質量的結果，但因似乎違反金石定理，兩人又不是相對論性場論專家，因此以為有什麼錯誤，遲遲沒有發表。最後他們藉所謂的純量電動力學討論清楚，當規範粒子因自發對稱破壞獲得質量時，正是藉無質量的金石玻色子的傳遞來維持規範不變性。他們將這個結果從 U(1) 的電動力學推廣到楊－密爾斯規範場論，發現結論不變：對稱性若自發破壞則其規範粒子獲得質量、但對稱性仍被金石粒子維持著；而未被自發破壞的對稱性則仍有對應的無質量規範粒子。他們的文章在 1964 年 6 月下旬投出，兩個月後發表。

希格斯機制

希格斯於 1954 年獲頒倫敦國王學院物理博士，研究的是分子物理。拿到學位後，他在愛丁堡大學從事過兩年研究，回倫敦大學待了三年多後，於 1960 再回愛丁堡大學落腳。他是 1956 年在愛丁堡大學時，開始轉離分子物理研究。總體而言，他的著作不多。

希格斯到愛丁堡任教的部份職責是從學校的中央圖書館收納期刊，登錄後將其上架。1964 年 7 月中，他看到了一個月前登在 PRL 的基爾伯特論文，否定克萊恩與李輝昭的提議，認為相對論性理論必然無法逃避金石定理。但希

格斯心中隨即反駁：在規範場論中因為處理規範不變性的操作細節，是可以出現不違反規範不變性的「特殊坐標系」而能逃避金石定理的。一個禮拜後，他便投出一篇勉強超過 1 頁的論文到當時位在 CERN 的《物理通訊》（*Physics Letters, PL*），於 9 月中刊出。這個極短篇純為反駁基爾伯特而寫，既未引述南部也未提到安德森，除了克萊恩－李輝昭與金石定理外，只引用了一篇施溫格的電動力學論文。

希格斯在 PL 論文投出時就明白應當怎麼做：將自發對稱性破壞用在最簡單的U(1)，亦即純量電動力學。這個做法與盎格列和布繞特如出一轍。這也難怪，因為純量電動力學是最簡單的規範場論。PL論文投出後一個禮拜，他投出第二篇論文，沒想到卻被 PL 拒絕，或許是因為這篇文章與前文相差不到一個禮拜而仍只有 1 頁吧。然而希格斯卻因禍得福。他將論文略為擴充，說明這樣的理論是有和實驗相關的結果，亦即有新粒子，在 8 月下旬投遞到PRL，於 10 月 19 日發表。這多少是希格斯粒子命名的由來。

在希格斯的PRL論文裡，他說明哪些規範粒子獲得質量，而這些粒子的縱向自由度在作用常數歸零時回歸為金石波色子，亦即在規範作用力消失時，獲得質量的規範粒子「分解」為零質量的楊－密爾斯規範波色子及零質量的金石波色子。希格斯的總體討論也與目前教科書的初步討論類似，就是在對稱性自發破壞、也就是「真空期望值」〈φ〉出現後，將純量場的兩個分量分別作小角度震盪，

則可藉規範轉換將金石波色子吸收在新定義的一個規範場裡，而這個新的規範場是有質量的，質量是規範作用常數與〈φ〉的乘積。但希格斯還討論了剩餘的一顆純量粒子也是有質量的，質量是純量位能的二次微分與〈φ〉的乘積。希格斯還略述了如何保留光子為無質量，又申明在一般情形下，不論規範粒子或純量粒子在對稱性自發破壞的情況下都會呈現不完整的多重態。希格斯不止一次強調伴隨粒子的出現，因此稱這些為希格斯粒子實不為過。

另外，期刊的審閱者雖然接受了他的論文，也告訴他盎格列與布繞特的文章在他自己的文章寄達 PRL 的時後差不多已發表。因此希格斯還加了一個蠻長的註解來加以比較。文章雖只有 1.5 頁，言簡卻意賅。

不論盎格列和布繞特或希格斯都還有後續文章衍伸他們的結果。

BEH 機制的歷史註腳

盎格列、布繞特及希格斯在 1964 年時均三十來歲。令人驚訝的是，在當時的蘇聯，兩位不到十九歲的大學生米格道（Alexander Migdal）與包利亞可夫（Alexander Polyakov）也得到類似的想法，在 1964 年便寫成文章，但因為內容跨越凝態與粒子的疆界，得不到粒子領域「高層」的認同，直到 1965 年底才得到允許投遞論文，其後又繼續受到期刊論文審查人的糾纏，在蘇聯發表時已是 1966 年。

這篇論文講明若規範場論遇上自發對稱性破壞，則規範粒子變成有質量，而無質量金石粒子不出現在物理過程中。

另外三位落選的諾貝爾獎貢獻者為辜柔尼克（Gerald Guralnik）、黑根（Carl Hagen）與基布爾（Thomas Kibble），前兩位都是美國人，當時都在基布爾任職的倫敦帝國學院訪問。他們的文章到達 PRL 時，希格斯的文章已幾乎刊出，而他們在投出前便已獲悉盎格列－布繞特及希格斯的文章，因此也忠實地在該引用的地方就引用。這篇文章也許更完整，但衡諸兩位年輕俄國人的遭遇，也就沒有甚麼好說的。2010 年美國物理學會將櫻井獎（Sakurai prize）頒給了這六人，但其他國際獎項，則都只有頒給盎格列、布繞特及希格斯。到了 2013 年諾貝爾獎，布繞特已過世，諾貝爾委員會也沒有在三人中挑一人補上。

1960 年代的困境與標準模型湧現

我們現在擁有的粒子物理標準模型，是所謂的 SU(3)×SU(2)×U(1) 的規範場論，在 1970 年代定調。但在混亂的 1960 年代，雖然 U(1) 或阿式規範場論架構的量子電動力學（QED）極為成功，然而場論的路線卻被懷疑是行不通的、標準模型在當時還子虛烏有、連夸克的存在都沒有被普遍接受……。

最近的一些文宣，常把盎格列、布繞特及希格斯三人描述成想要解釋宇宙及質量之源云云。筆者自己在唸書時

標準模型已然當道，也是把這幾個人看成神之人也，及至見了面才知他們也是常人。他們當然可能有做了重要工作的興奮，但在當時他們是在布魯塞爾及愛丁堡這種偏離核心的地方從事不被認為主流的場論工作，三人甚至算不上場論專家。因此盎格列及希格斯得獎後都呼籲應該更重視像他們當年這樣不講目的、純為滿足好奇心的研究。

　　1960 年代的混亂，一大部分原因是 1950 年代以來發現了太多與強作用力相關的「基本粒子」，讓人難以招架。楊－密爾斯理論雖美，但規範粒子質量問題無法解決，這卻也只是強作用種種問題的一環而已。但若撇開強作用粒子，將視野侷限在較簡單的類似電子的「輕子」，那麼輕子的弱作用仍讓人費解。其實，在 1961 年葛拉曉（Sheldon Glashow）便已在施溫格指引下，提出弱作用在概念上可以與電磁作用做 SU(2) × U(1) 的統一。但在實質面則問題仍是弱作用的規範粒子極重、光子卻無質量，兩個理論要如何調和？事實上問題更根本得多，還有非阿式規範場論是否可重整、即是否確實可計算的問題。

　　當年盎格列、布繞特及希格斯腦中都盤桓著強作用力、楊－密爾斯理論與質量問題，而錯失了在弱作用的應用。到了 1967 年，前面提過的溫伯格與薩蘭姆分別將 BEH 機制應用到葛拉曉的 SU(2)×U(1) 電弱統一場論，卻也沒有立時翻轉天地。但 1969 年深度非彈性碰撞透析了質子的內部結構（1990 年諾貝爾獎），加上 1970 年拓弗特（Gerard 't Hooft）與維爾特曼（Martin Veltman）證明了非阿式規範場論的可重整性（1999 年諾貝爾獎），導致數年後強

作用非阿式規範場論的突破（<u>2004</u> 年諾貝爾獎）、因而建立以 SU(3) 為規範群的量子色動力學（QCD），以及三代夸克的提出（也是 <u>2008</u> 年諾貝爾獎），標準模型的 SU(3)×SU(2)×U(1) 動力學及伴隨的物質結構終於在 1970 年代建立。葛拉曉、溫伯格與薩蘭姆則因 1978 年史丹福精密實驗的驗證而獲 <u>1979</u> 年諾貝爾獎，而電弱作用藉 BEH 機制所預測的極重 W$^{\pm}$ 及 Z^0 規範粒子也於 1983 年在 CERN 發現（<u>1984</u> 年諾貝爾獎）。

神之粒子的追尋

1970 年代後期人們開始關切希格斯粒子的實驗驗證，因為它是標準模型必要又神秘的環節。但希格斯粒子的質量，是希格斯純量場的自身作用常數與 ⟨φ⟩ 的乘積，理論本身沒有預測，替實驗的搜尋增添極大的困難。有一點必須附帶一提：BEH 機制原本探討的只是自發對稱性破壞所產生的金石粒子如何與楊－密爾斯規範粒子密切結合（俗稱「被吃掉」）而成為重的規範粒子，但 1967 年溫伯格大筆一揮，提出物質粒子（夸克與輕子）的質量也可藉希格斯純量場的真空期望值 ⟨φ⟩ 產生，因此希格斯粒子的責任可大了，是基本粒子的質量之源。

為何會稱為上帝粒子？這是出自 1988 年物理獎得主雷德曼（Leon Lederman）的手筆。美國在 1983 年通過興建周長 87 公里、質心能量 40 兆電子伏特（TeV）的超導超

能對撞機 SSC，希望自歐洲爭回粒子物理主導權，首要目標便是尋找希格斯粒子，而雷德曼是推手。他在 1993 年出了一本名為《上帝粒子》的科普書，書中詼諧的說「為何叫上帝粒子？原因有二，其一因為出版商不讓我們叫它『神譴粒子』（Goddamn particle，『該死粒子』），雖然以它的壞蛋特性及造成的花費，這樣稱呼實不為過……」。可惜出書未久，在耗費十年二十億美金之後，美國把 SSC 計畫取消了，拱手讓出主導權。CERN 在 1994 年正式通過大強子對撞機 LHC 計畫。

自 1980－1990 年代，日本 KEK 實驗室、德國電子加速器中心（DESY）、史丹福加速器中心、CERN、費米實驗室都直接搜尋過希格斯粒子，而精確電弱測量（包括 W 原衰變率與頂夸克質量）的實驗結果間接指向蠻輕的希格斯粒子。CERN 在 1990 年代末把 LEP 正負電子對撞機能量向上調到 200 GeV 上下，看到些許徵兆，但四個實驗之間有爭議。CERN 在 2000 年底毅然終止 LEP 的運轉，開始在 27 公里周長的 LEP 隧道中興建 LHC。

2008 年 9 月 LHC 初次運轉出了重大事故，以致延宕逾年。這使得在費米實驗室的 Tevatron（對撞能量 2 TeV）工作的實驗家加緊尋找，因為較輕的希格斯粒子，他們不是全無希望。但 LHC 將能量自 14 TeV 降到 7 TeV，自 2010 年 3 月以來運轉出奇的好，使得 Tevatron 在 2011 年 9 月關機。到了 12 月，ATLAS 及 CMS 實驗已在 125 GeV/c^2 附近看到徵兆，終於在 2012 年 7 月宣布發現，但當年卻未獲獎。除了前述 1999－2004－2008 的時間序列指標外，前面

已提過 2013 年 3 月在義大利的粒子物理冬季會議中，參與的物理學家共同宣稱不再是「似」希格斯粒子而是「一顆」希格斯粒子（或許還有更多），明顯是為得獎鋪路。

後語

找到了神之粒子，接下來呢？這是個新的開始，還是一個結束？

自南部把自發對稱性破壞引入粒子物理已超過半個世紀，BEH 機制的突破也差不多有那麼久，標準模型的建立已四十年，而弱作用粒子 $W^\pm$ 及 Z^0 實驗發現也已三十年。我們好像只有驗證標準模型的正確性，而沒有找到超越或解釋標準模型的「新物理」，期待了三十年的超對稱（supersymmetry）也不見蹤影。

真有一個「場」自起初就充斥全宇宙，在大爆炸時是對稱的，但到了 10^{-11} 秒對稱性因溫度下降自發地破壞，以致基本粒子都獲得質量？真是神奇啊！讓我們用「神譴粒子」當作一個隱喻：這個追尋了半個世紀之久的滑溜傢伙，其實帶入了無數問題。它是天字第一號的基本純量粒子；不知為何在我們更熟悉的 QED 或 QCD 裡，卻沒有帶電荷或色荷的基本純量粒子；也許以後會發現吧。基本純量粒子本身，以及這顆 126 GeV/c^2 質量的希格斯粒子，帶進「層階」、「真空穩定性」及「自然嗎」等深沉的問題。比較直觀的麻煩則是溫伯格所帶入的費米子質量問

圖六：是否真有一個充斥全宇宙的「場」，到了10^{-11}秒對稱性破壞，以致基本粒子都獲得質量？

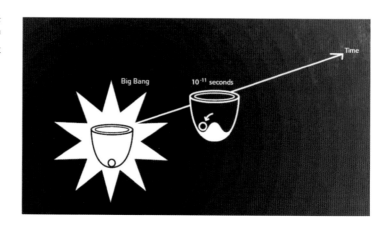

題：費米子質量藉希格斯粒子產生究竟是出自偶然還是「設計」？若是後者，那為什麼九顆帶電費米子以及伴隨的夸克混和共要十三個參數？而不帶電荷的極輕的微中子質量又從何而來？暗物質是基本粒子嗎？它的質量又從何而來？

這些都是人類在繼續追尋的「本源」問題。

科學叢書

夸克與宇宙起源

作　　　者◆侯維恕

發　行　人◆王春申

編 輯 顧 問◆林明昌

營業部兼任
編輯部經理◆高　珊

責 任 編 輯◆徐　平

封 面 設 計◆吳郁婷

校　　　對◆趙蓓芬

出版發行：臺灣商務印書館股份有限公司
23150 新北市新店區復興路 43 號 8 號
電話：(02)8667-3712　傳真：(02)8667-3709
讀者服務專線：0800056196
郵撥：0000165-1
E-mail：ecptw@cptw.com.tw
網路書店網址：www.cptw.com.tw
網路書店臉書：facebook.com.tw/ecptwdoing
臉書：facebook.com.tw/ecptw
部落格：blog.yam.com/ecptw

局版北市業字第 993 號
初版一刷：2015 年 1 月
初版二刷：2015 年 7 月
定價：新台幣 400 元

ISBN 978-957-05-2979-1

夸克與宇宙起源／侯維恕 著. --初版. --臺北市：
臺灣商務，2015. 01
　面 ； 公分. --（科學叢書）

ISBN 978-957-05-2979-1（平裝）

1.粒子　2.宇宙

339.41　　　　　　　　　　　　　　103022992

廣 告 回 信
板 橋 郵 局 登 記 證
板橋廣字第1011號
免 貼 郵 票

23150
新北市新店區復興路43號8樓
臺灣商務印書館股份有限公司　收

請對摺寄回，謝謝！

傳統現代　並翼而翔

Flying with the wings of tradtion and modernity.

讀者回函卡

感謝您對本館的支持，為加強對您的服務，請填妥此卡，免付郵資寄回，可隨時收到本館最新出版訊息，及享受各種優惠。

■ 姓名：＿＿＿＿＿＿＿＿＿＿＿＿　性別：□ 男　□ 女

■ 出生日期：＿＿＿＿年＿＿＿＿月＿＿＿＿日

■ 職業：□學生　□公務(含軍警)　□家管　□服務　□金融　□製造
　　　　□資訊　□大眾傳播　□自由業　□農漁牧　□退休　□其他

■ 學歷：□高中以下（含高中）□大專　□研究所（含以上）

■ 地址：＿＿＿＿＿＿＿＿＿＿＿＿＿＿＿＿＿＿＿＿＿
　　　　＿＿＿＿＿＿＿＿＿＿＿＿＿＿＿＿＿＿＿＿＿

■ 電話：(H) ＿＿＿＿＿＿＿＿＿＿　(O) ＿＿＿＿＿＿＿＿＿

■ E-mail：＿＿＿＿＿＿＿＿＿＿＿＿＿＿＿＿＿＿＿＿

■ 購買書名：＿＿＿＿＿＿＿＿＿＿＿＿＿＿＿＿＿＿＿

■ 您從何處得知本書？

　　□網路　□DM廣告　□報紙廣告　□報紙專欄　□傳單
　　□書店　□親友介紹　□電視廣播　□雜誌廣告　□其他

■ 您喜歡閱讀哪一類別的書籍？

　　□哲學‧宗教　□藝術‧心靈　□人文‧科普　□商業‧投資
　　□社會‧文化　□親子‧學習　□生活‧休閒　□醫學‧養生
　　□文學‧小說　□歷史‧傳記

■ 您對本書的意見？（A/滿意　B/尚可　C/須改進）

　　內容＿＿＿＿＿＿編輯＿＿＿＿＿校對＿＿＿＿＿翻譯＿＿＿＿＿
　　封面設計＿＿＿＿＿價格＿＿＿＿＿其他＿＿＿＿＿＿＿＿＿＿

■ 您的建議：＿＿＿＿＿＿＿＿＿＿＿＿＿＿＿＿＿＿＿

※ 歡迎您隨時至本館網路書店發表書評及留下任何意見

臺灣商務印書館　The Commercial Press, Ltd.

23150新北市新店區復興路43號8樓　電話：(02)8667-3712
讀者服務專線：0800-056196　傳真：(02)8667-3709
郵撥：0000165-1號　E-mail：ecptw@cptw.com.tw
網路書店網址：www.cptw.com.tw　網路書店臉書：facebook.com.tw/ecptwdoing
臉書：facebook.com.tw/ecptw　部落格：blog.yam.com/ecptw